AF452387

ATLAS.

SYNOPSIS

DES

ECHINIDES FOSSILES

PAR

E. DESOR.

PARIS,
CHEZ CH. REINWALD, ÉDITEUR, RUE DES Sᵗˢ-PÈRES, 15.

WIESBADE,
CHEZ KREIDEL & NIEDNER, ÉDITEURS.

1858.

[illegible]

[illegible]

[illegible]

[illegible]

[illegible]

[illegible]

[illegible]

[illegible]

[illegible]

[illegible]

[illegible]

[illegible]

[illegible]

TAB. I.

Types de Cidarides.

Fig. 1. **Cidaris** coronata, Goldf. Du terrain argovien.

1ᵃ Portion d'ambulacre grossie à la loupe.

2. **Cidaris** Suevica, Desor. Du terrain argovien.

2ᵃ Portion d'ambulacre grossie à la loupe

3. **Rhabdocidaris** Orbignyana, Desor. Du terrain kimméridien de la Rochelle.

4. **Goniocidaris** geranioides, Desor. Espèce vivante de la Nouvelle-Hollande
   dépouillée de ses radioles sur une portion du test.

4ᵃ Portion d'ambulacre grossie à la loupe.

5. **Diplocidaris** Desorii Quenst. Du Corallien (Felsenkalk) des environ d'Ulm.

6. **Palæocidaris** Nerei, Desor. Du terrain carbonifère de Tournay en Belgique.

6ᵇ 6ᶜ. Radioles du Palæocidaris Nerei.

7. **Porocidaris** Veronensis, Desor. Du terrain nummulitique du Val-Dome-
   nico, près Vérone.

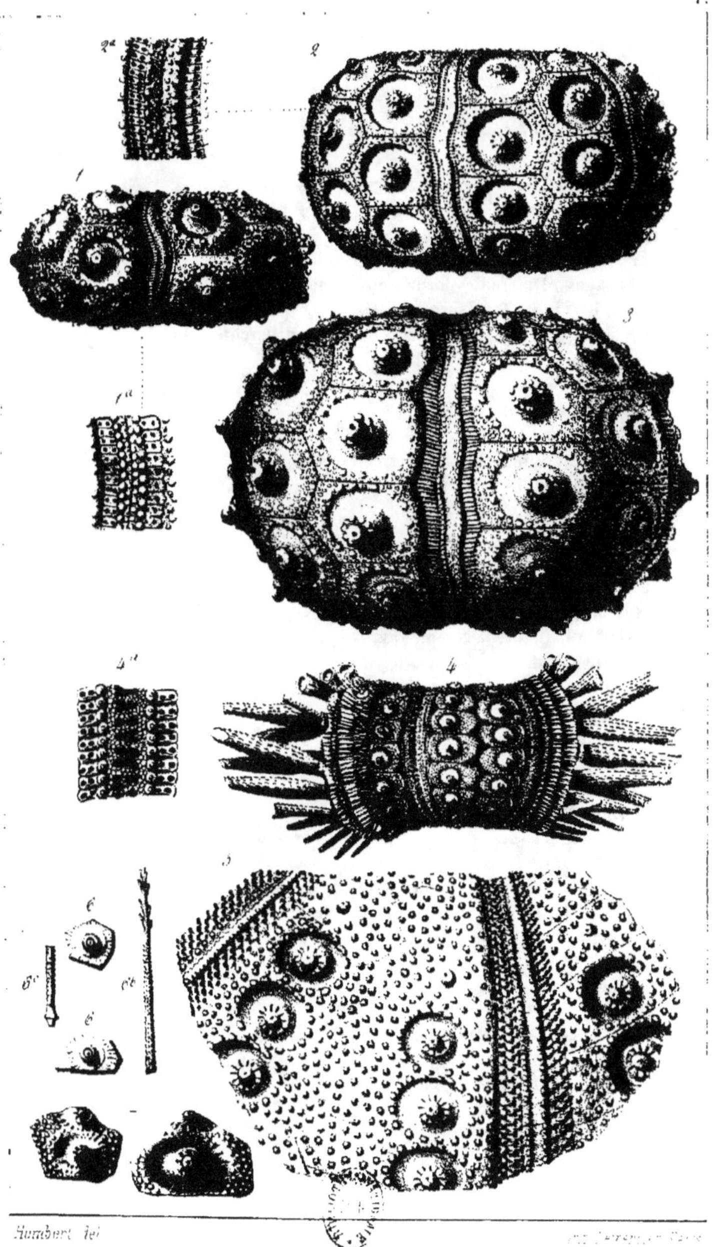

Types de la tribu des Cidarides angustistelles

TAB. II.

Radioles de Cidarides triasiques.

Fig. 1. Cidaris scrobiculata, Braun. Légèrement grossi.
2. C. Hausmanni, Wissm. Différentes formes légèrement grossies.
3. C. trigona, Munst. *a* Coupe transversale.
4. C. dorsata, Braun. Radioles de différentes formes.
5. C. alata, Agass. Différentes formes du même radiole.
6. C. Rœmeri, Wissm. Cinq formes différentes.
7. C. Tyrolensis, Desor. Deux radioles de forme différente.
8. C. Buchii, Munst.
9. C. globifera, Klipst.
10. C. Klipsteini, Marcou.
11. C. renifera, Munst.
12. C. semicostata, Munst. Vu de deux côtés, *a* et *b*.
13. C. semicostata, Munst. Variété.
14. C. austriaca, Desor.
15. C. perplexa, Desor.
16. C. fasciculata, Klipst.
17. C. angulata, Munst.
18. C. bispinosa, Klipst. Vu par les deux faces.
19. C. Wissmanni, Desor. Légèrement grossi.
20. C. Braunii, Klipst.
21. C. bicarinata, Klipst. *a* Coupe transversale.
22. C. linearis, Munst.
23. Variété de la même espèce.
24. C. Meyeri, Klipst.
25. C. Avena, Desor.
26. C. biformis, Munst.
27. C. Waechteri, Wissm.
28. C. similis, Desor.
29. C. Brandis, Klipst. *a* Portion du radiole grossie. *b* Bouton grossi.
30. C. flexuosa, Munst. *a* Bouton grossi. *b* Facette articulaire.
31. Variété cylindrique de la même espèce.
32. C. decorata, Munst.
33. C. Braunii, Desor. Vu par les deux faces.

Nota. Toutes les espèces de cette planche appartiennent à la formation de Saint-Cassian, et toutes aussi, à l'exception d'une seule, du C. globifera (fig. 9), proviennent de la localité même de Saint-Cassian.

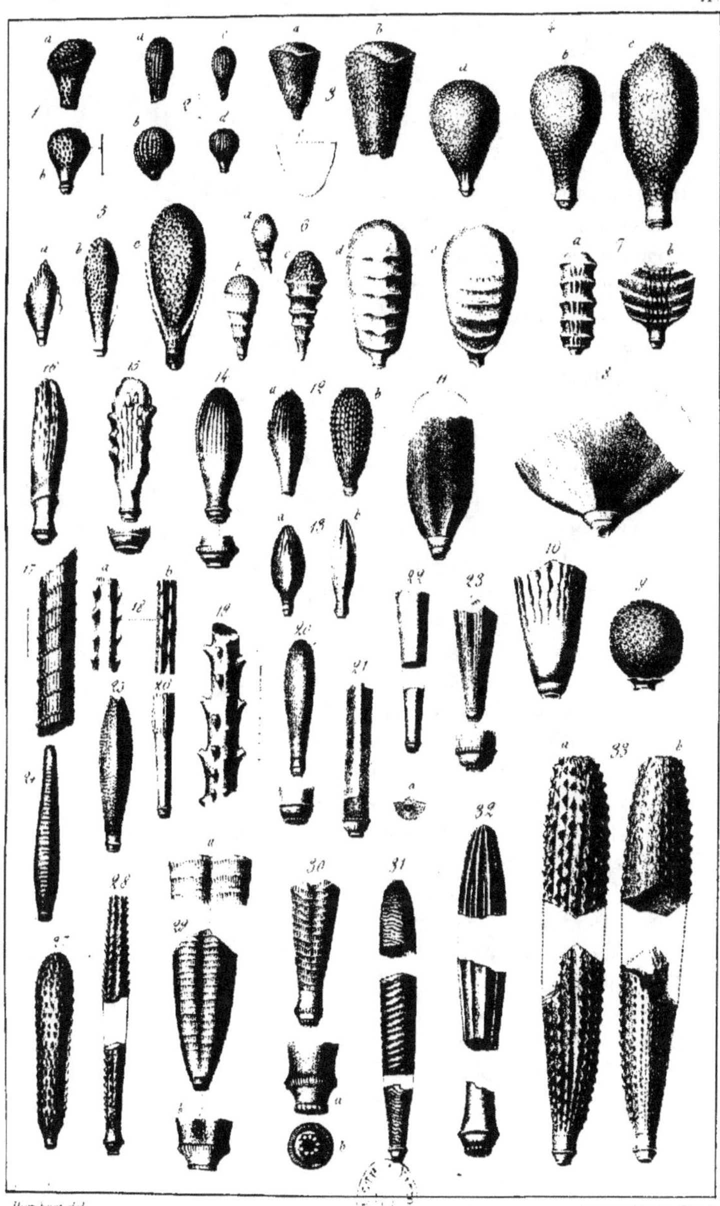

Radioles de Cidaris triasiques.

TAB. III.

Radioles jurassiques.

Fig. 1. Cidaris arietis, Quenst. Du lias inférieur de Wurtemberg.

2. C. spinosa. Agass. Du corallien.

2ᵃ Portion grossie du même radiole.

3. C. baculifera, Agass. Du kimméridien de Raedersdorf (Haut-Rhin).

4. C. cucumis, Quenst. De l'argovien de Wurtemberg.

5. C. marginata. Goldf. Du corallien de Nattheim.

6 et 6ᶜ. C. Parandieri, Agass. Du corallien de Besançon.

7. Variété grêle de la même espèce. Du corallien de Nattheim.

8. C. Amalthei, Quenst. Du lias du canal du Danube au Main.

9. C. subteres, Quenst. Du corallien d'Ulm.

10. C. lineata, Cot. Du corallien de Chatel-Censoir.

11. C. tuberculosa, Quenst. Du corallien d'Ulm.

12. a et b. C. filograna. Agass. De l'argovien de Birmausdorf.

13. C. Fowleri, Wright. De l'oolite inférieure de Crickley-Hill.

14. C. Blumenbachii. Munst. Du corallien.

15. C. cylindrica, Quenst. De l'argovien de Lochen (Wurtemberg).

16. C. granulata, Cot. Du corallien de Chatel-Censoir.

17. C. constricta, Agass. Du corallien de Besançon.

18 et 19. C. elongata, Rœm. Du corallien de Hanovre.

20-21. C. cervicalis. Agass. Du corallien.

22. C. Bavarica, Desor. Du corallien (?) de Heidesheim.

23 et 24. C. elegans, Munst. Du corallien de Nattheim.

25. C. propinqua. Munst. De l'argovien d'Argovie.

26. Petit exemplaire de la même espèce.

27. C. triptera, Quenst. Du corallien d'Ulm.

28-32. Diverses formes du C. coronata, Goldf. De l'argovien d'Allemagne et de Suisse.

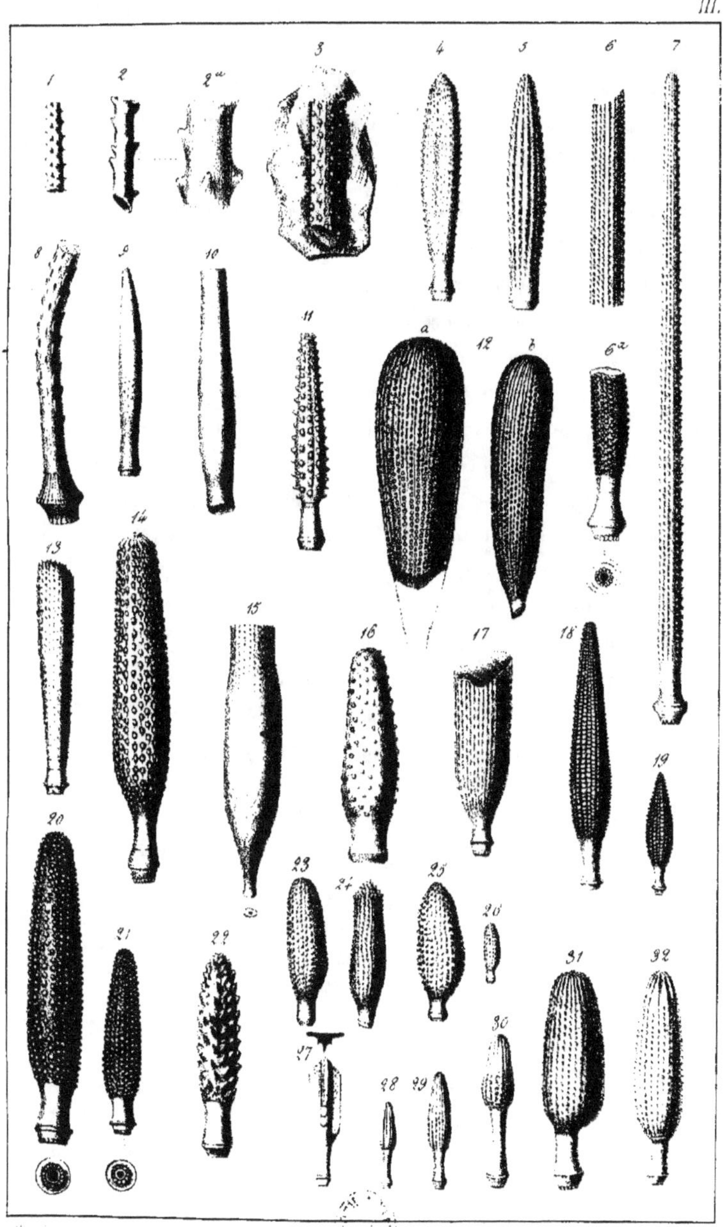

Radioles de Cidaris jurassiques

TAB. IV.

Radioles de Cidaris jurassiques.

Fig.   1 et 1ª. Cidaris Orobus, Agass. De la grande oolite de Ranville.

2 et 2ª. C. ovifera, Agass. Du corallien de la Rochelle.

2ᵇ Radiole déformé de la même espèce.

3. C. conoidea, Quenst. Du corallien de Nicolsburg en Moravie.

4. C. Schmidlini, Desor. De l'oolite (Vésulien) du Frickthal (Argovie).

5. C. Meandrina, Agass. Du corallien de Gunsberg (Jura soleurois).

6, 6ª, 6ᵇ. C. pyrifera, Agass. Diverses formes de la même espèce. Du kimméridien de Porentruy.

7. C. cucumifera, Agass. Du corallien de Besançon et de la Rochelle.

8. C. Courtaudina, Cot. De l'oolite inférieure de Semur (Côte-d'Or).

9. C. authentica, Desor. Du corallien de Longwy (Lorraine).

10. C. glandifera, Goldf. Du terrain jurassique.

10ª Grand échantillon de la même espèce.

11. C. carinifera, Agass. Du terrain jurassique du Salève, près Genève.

12. C. Roisyi, Desor. De l'oolite inf. des environs de Privas.

12ª Granulation de la surface du radiole grossie à la loupe.

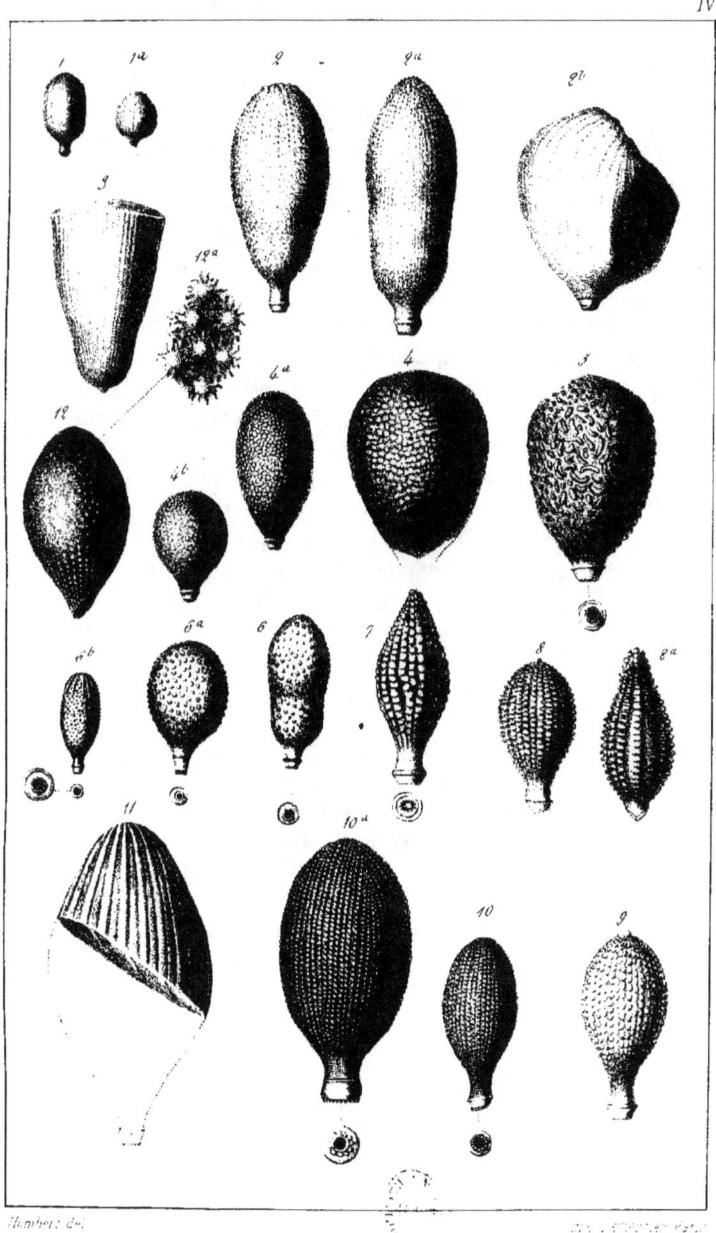

Radioles de Cidaris jurassiques

TAB. V.

Radioles de Cidaris crétacés.

Fig. 1. Cidaris punctata, Roem. Néocomien moyen.
2. C. Lardyi, Desor. Néocomien supérieur.
3. C. pretiosa, Desor. Néocomien inférieur.
4. C. neocomensis, Marcou. Néocomien du Jura.
5. C. muricata, Roem. Néocomien (Hils) du Hanovre.
6 et 7. C. hirsuta, Marcou. Néocomien du Jura.
8. C. primatica, Alb. Gras. Néocomien de l'Isère.
9. C. Phillipsii, Agass. Argile de Speeton.
10. C. Speetonensis, Desor. Argile de Speeton.
11. C. heteracantha, Alb. Gras. Aptien du Fà (Isère).
12. C. rysacantha, Alb. Gras. Aptien du Fà (Isère).
13 et 13ª. C. Faujasii, Desor. Craie de Maestricht.
14. C. Jouanettii, Desmoul. Craie de Périgueux.
15. C. cyathifera, Agass. Craie de Saint-Aignan.
16. C. Hagenowi, Desor. Craie de Rügen.
17 et 17ª. C. pistillum, Quenst. Craie de Rügen.
18. Forchammeri, Desor. Danien de Faxoe.
19. C. pistillum, Quenst. Craie de Gehrden.
20. C. leptacantha, Agass. Terr. crétacé de Hauteville.
21. C. spinosissima (var. mincor.). Agass. Craie de Rügen.
22. C. filamentosa, Agass. Terr. crétacé.
23. C. spinosissima, Agass. Terr. crétacé.
24 et 25. C. vesiculosa, Goldf. Craie chloritée.
26. C. granulo-striata, Desor. Craie de Cognac.
27. C. subvesiculosa, d'Orb. Craie marneuse.
28. C. sceptrifera, Mantell. Craie marneuse.

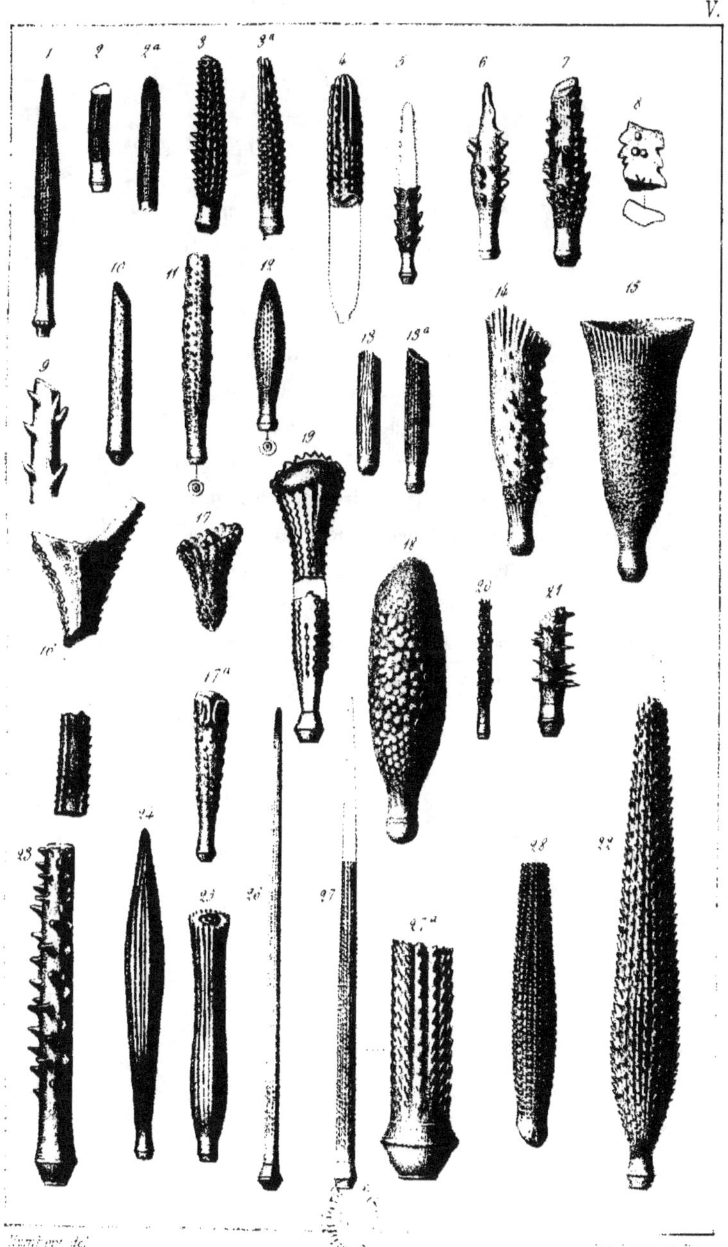

Radioles de Cidaris cretacea.

TAB. VI.

Radioles de Cidaris crétacés.

Fig. 1. Cidaris pustulosa, Alb. Gras. Néocomien de l'Isère.
     2. C. unionifera, Alb. Gras. Aptien de l'Isère.
     3. C. gibberula, Agass. Terr. crétacé de Cassis.
     4. C. clunifera, Agass. Néocomien supérieur.
     5. C. punctatissima, Agass. Aptien de l'Isère.
     6. C. Hardouini, Desor. Danien de Ciply.
     6ª, 6ᵇ, 6ᶜ. Variétés de la même espèce.
     7-10. C. pleracantha, Agass. Craie de Meudon.
     11. C. asperula, Roem. Plaener d'Allemagne.
     12. C. velifera, Bronn. Craie chloritée d'Essen.
     13. C. Ramondi, Leym. Danien de Gensac.
     14. C. catenifera, Agass. Craie alpine.
     15. C. clavigera, Kœnig. Craie blanche d'Angleterre.
     16. C. Sorigneti. Desor. Craie chloritée.
     17. C. lingualis, Desor. Craie blanche de Rügen.
     17ª. Le même, vu de profil.

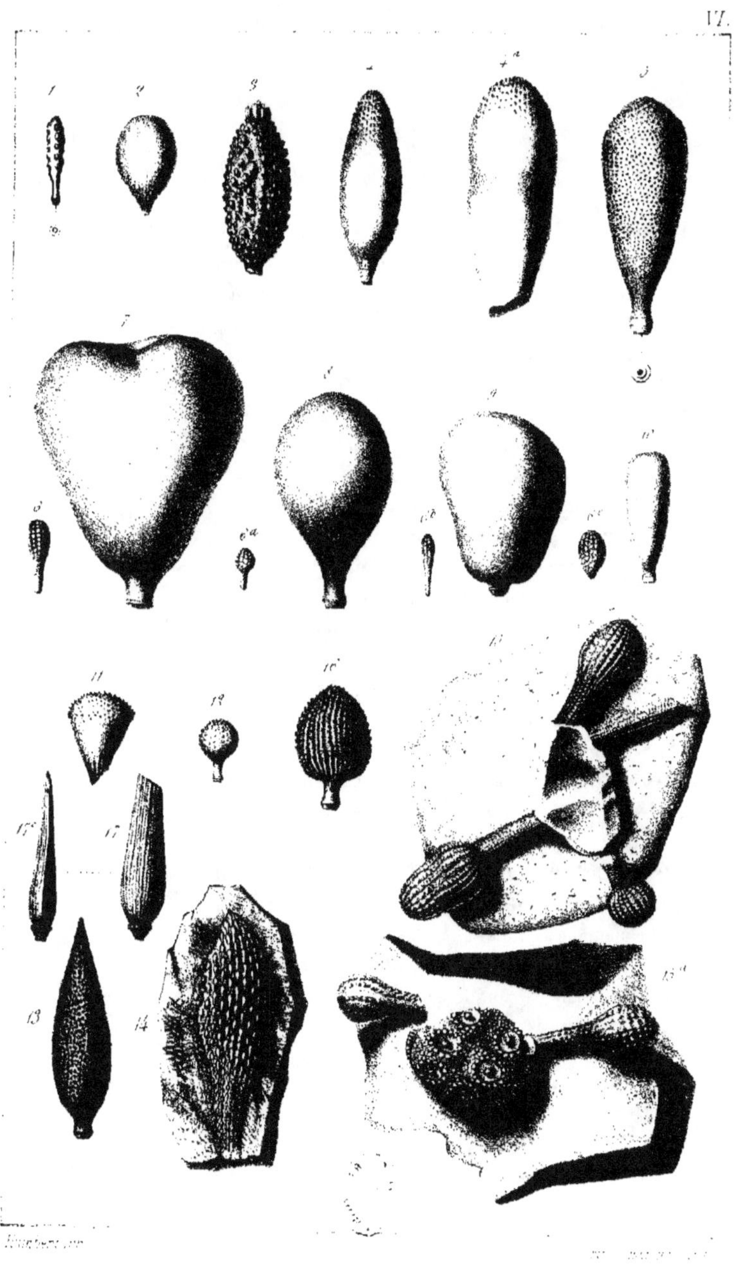

Radioles de Cidaris coronata

TAB. VII.

Radioles de Cidaris tertiaires, de Porocidaris et de Diplocidaris.

Fig.
1. Cidaris Desmoulinii, E. Sism. Tertiaire sup. de l'Astesan.
2. C. incurvata, E. Sism. Myocène de la colline de Turin.
3. C. variola, E. Sism. Myocène de la colline de Turin.
4. C. Münsteri, E. Sism. Myocène de la colline de Turin.
5. C. hirta, E. Sism. Myocène de la colline de Turin.
6. C. signata, E. Sism. Myocène de la colline de Turin.
7-8. C. Avenionensis, Desmoul. Molasse suisse et du midi de la France.
8ᵃ. Couronne du même radiole, vue d'en haut.
9. C. subprionota, Al. Rou. Eocène de Bos d'Arros.
10. C. subularis d'Arch. Terre nummul. de Biarritz.
11. C. prionota, d'Arch. Terr. nummul. de Biarritz.
12. C. striato-granosa, d'Arch. Terr. nummul. de Biarritz.
13. C. subcylindrica, d'Arch. Terr. nummul. de Biarritz.
14. C. semiaspera, d'Arch. Terr. nummul. de Biarritz.
15. C. acicularis, d'Arch. Terr. nummul. de Biarritz.
16-18. C. Halacensis, Haime. Terr. nummul. de l'Inde.
19. C. interlineata, d'Arch. Terr. nummul. de Biarritz.
20. C. subserrata, d'Arch. Terr. nummul. de Biarritz.
21. Porocidaris Veronensis, Merian. Terr. nummul. de Vérone.
22. P. Schmidelii. Oool. inf. de Dischingen et d'Argovie.
23. P. serrata. Terr. nummul. de Biarritz.
24. Diplocidaris Wrightii, Desor. Ool. inf. de Crickley-Hill.
25. D. cladifera. Corallien de Besançon.
26. D. cinnamomea. Corallien de Besançon.
27. D. censoriensis. Corallien de Chatel-Censoir.
28 et 29. D. gigantea. Corallien de Besançon, de Nattheim et de Chatel-Censoir

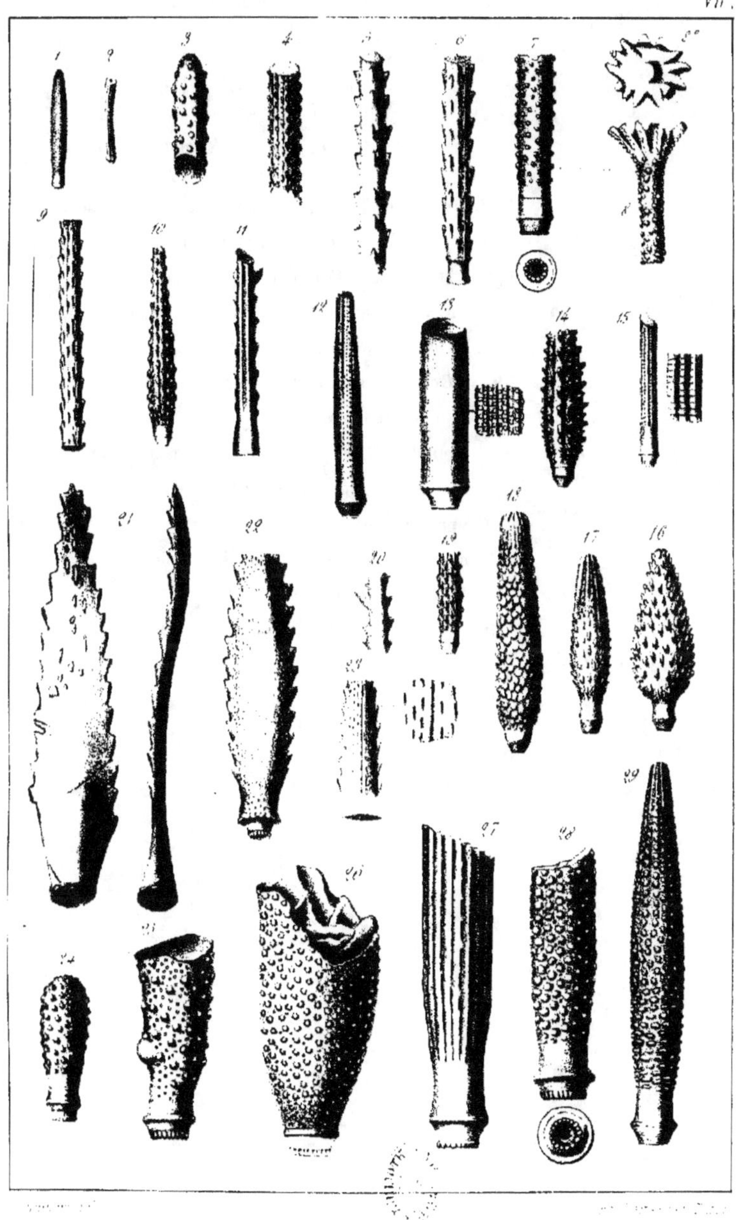

TAB. VIII.

Radioles de Rhabdocidaris.

Fig. 1. Rhabdocidaris princeps. Desor. Argovien des Laegern.

2. R. cristata. Terr. jurass. de Bayreuth.

3. R. trigonacantha. Corallien de Besançon.

4 et 5. R. tricarinata. Terr. jurass. de Bayreuth.

6. R. Ritteri. Corallien de l'Yonne.

7-9. R. Orbignyana. Kimméridien.

10. R. nobilis. Argovien.

11. R. moraldina. Lias (couche à Gryphea-Cymbium)

12. R. trispinata. Corallien de Nattheim.

12ª. Coupe transversale.

13. R. megalacantha. Corallien de l'ile de Ré.

14-16. R. maxima. Oolite ferrugineuse.

17. R. maxima var. Oolite infér. de Bayreuth.

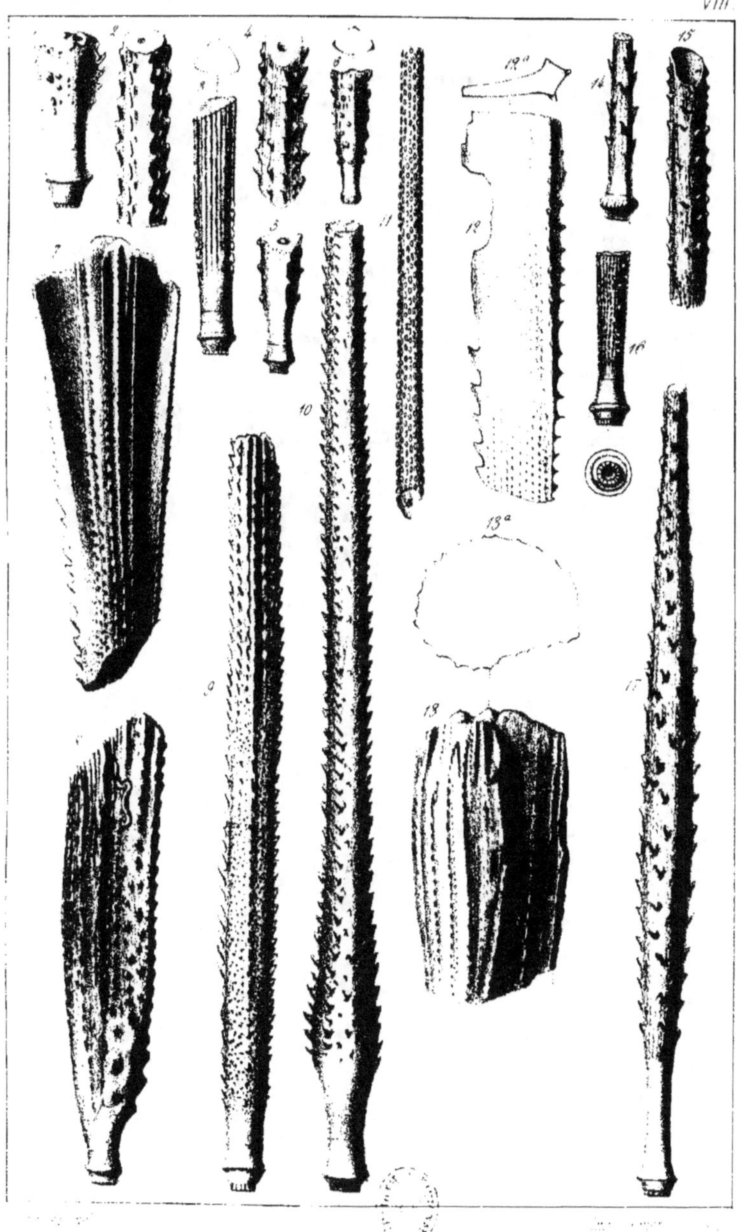

Racines de Rhododendron.

TAB. IX.

Radioles de Rhabdocidaris.

Fig. 1. Rhabdocidaris Remus, Desor. Du kellovien de la Haute-Marne.

2. Même espèce, grande variété.

3. Rhabdocidaris copeoides, var. subcylindrique. Du kellovien de la Haute-Marne.

4. Même espèce, allongée, ornée de fines carènes longitudinales.

5, 6, 7. Même espèce en forme de rame. La granulation est souvent oblitérée.

NOTA. Peut-être ne tardera-t-on pas à s'assurer que le *R. Remus* lui-même n'est qu'une variété du *R. copeoides*. Les rudiments d'épines à la base du radiole de la fig. 6 semblent en effet indiquer un passage.

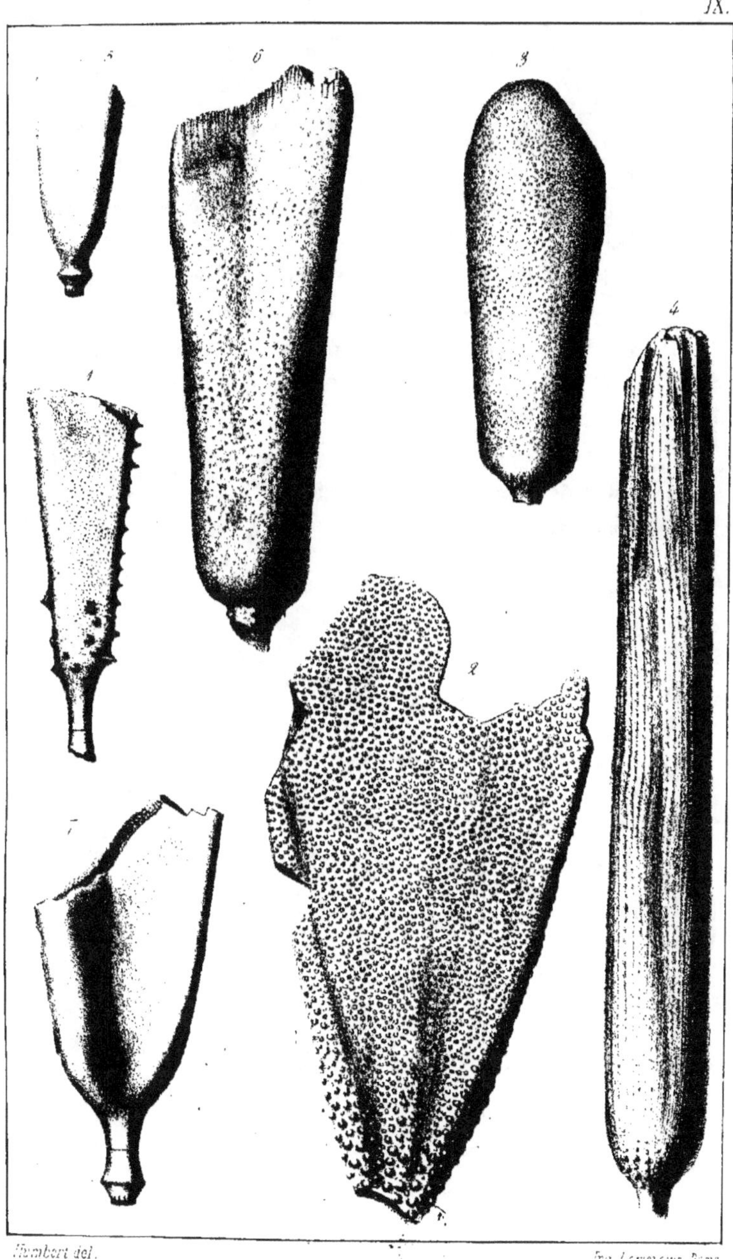

Radiodes de Rhabdocidaris.

TAB. X.

Types du groupe des Hemicidaris.

Fig. 1-3. Hypodiadema Lamarckii, Desor. De la grande oolite de Marquise. Fig. 1, d'en haut; fig. 2, de profil; fig. 3, d'en bas.

4-6. Hemidiadema stramonium, Desor. Du portlandien inférieur du Jura bernois. Fig. 4, d'en bas; fig. 5, de profil; fig. 6, Radiole.

7-8. Hemicidaris crenularis, Agass. Du corallien. Fig. 7, d'en haut; fig. 8, de profil; fig. 8ª, appareil génital grossi à la loupe.

9-10. Hemicidaris mammosa, Agass. Du corallien de la Rochelle. Fig. 9, d'en haut, pour montrer la forme flexueuse des ambulacres. Fig. 10, de profil.

11-12. Hemicidaris Cartieri, Desor. Du corallien du Jura vaudois. Fig. 11, de profil; fig. 12, d'en haut.

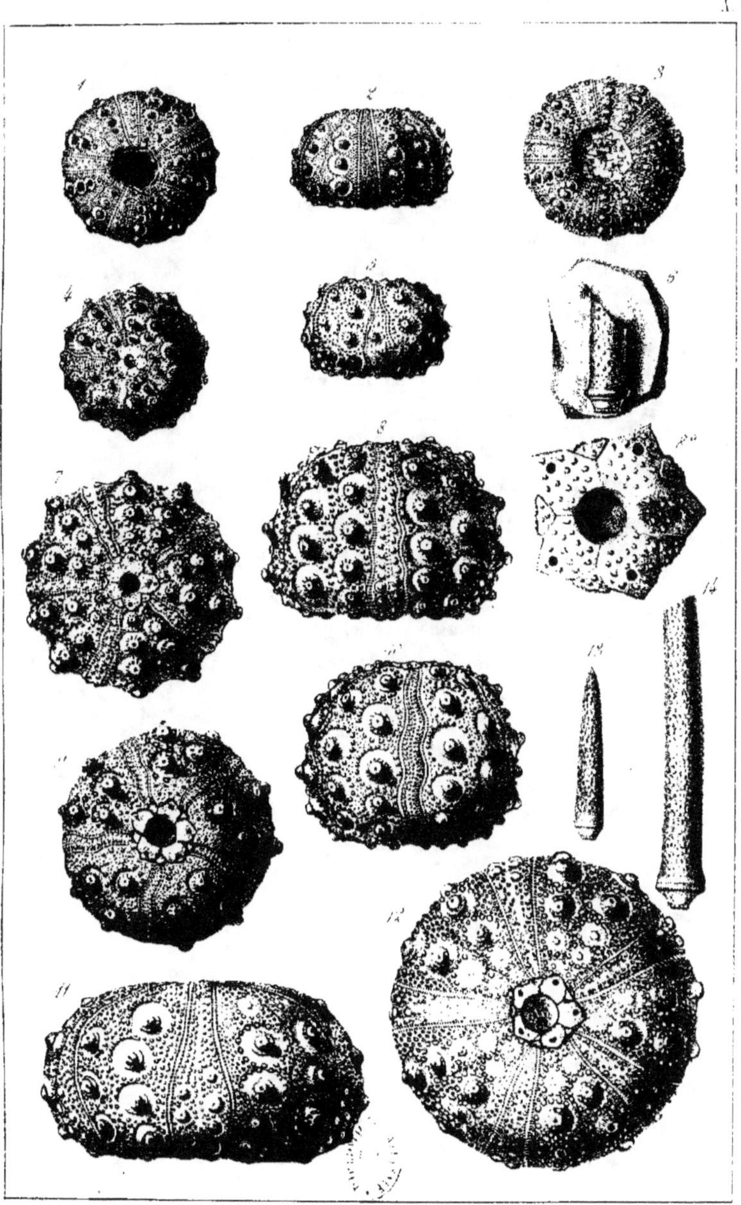

Types des genres Hypodiadema, Hemicidaris
et Hemiodema

TAB. XI.

Radioles d'Hemicidaris.

Fig. 1. **Hemicidaris** fistulosa Quenst. Du corallien d'Ulm.

 2. **H**. undulata Agass. Du corallien inférieur du Fringeli.

 Fig. 2ª Portion de radiole grossi à la loupe, montrant les stries transversales ondulées.

 3. **H**. Purbeckensis Forbes. Du calcaire de Purbeck.

 Fig. 3ª Le même radiole grossi à la loupe.

 4. **H**. intermedia Forbes. Plusieurs radioles de grandeur naturelle, adhérant à un fragment de test du corallien de Yorkshire.

 Fig. 4ª Partie inférieure d'un radiole grossi à la loupe.

 5-8. **H**. crenularis Agass. Du corallien.

 Fig. 5 Magnifique échantillon du corallien de Besançon, au musée de Vienne, provenant de la collection de M. Dudressier.

 Fig. 5ª Partie inférieure d'un radiole grossi à la loupe.

 Fig. 6, 7 et 8 Diverses formes qu'affecte l'extrémité des radioles, du corallien inférieur de l'Yonne.

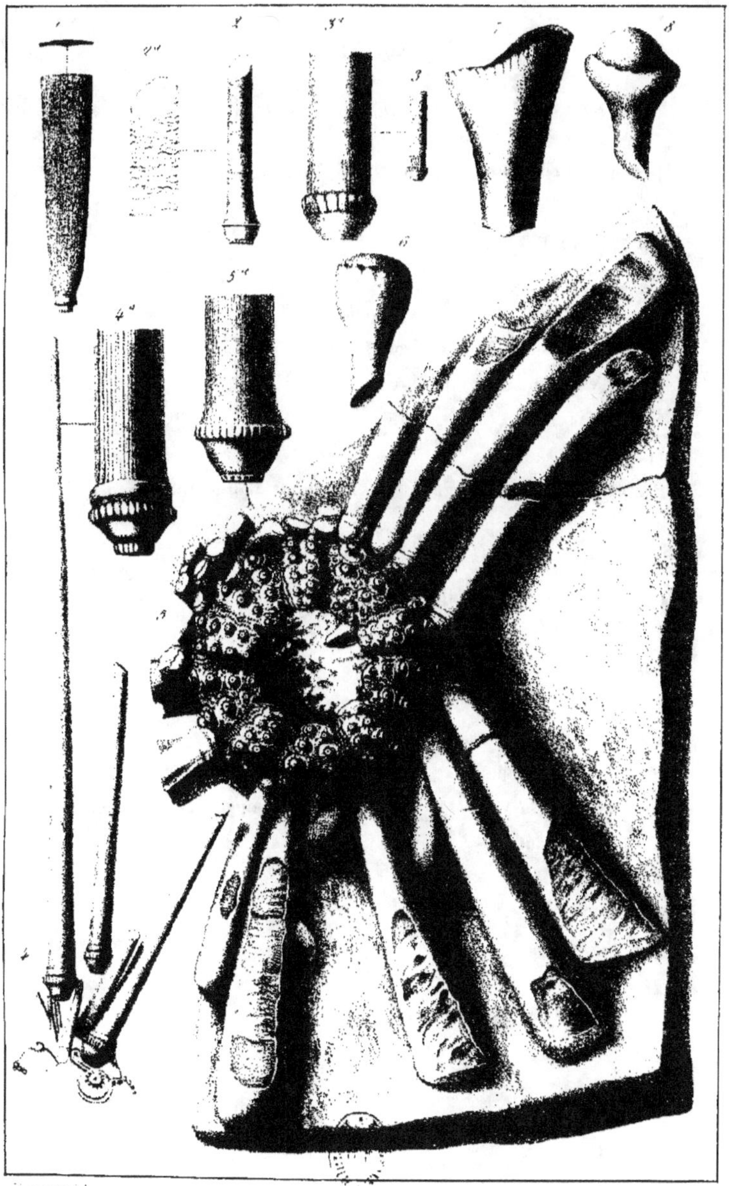

TAB. XII.

Types des genres Pseudodiadema et Diplopodia.

Fig. 1-3. **Pseudodiadema** mamillanum Desor. Du corallien.

Fig. 1 d'en haut.

Fig. 2 de profil.

Fig. 3 d'en bas.

Fig. 3ᵃ Portion du test grossi à la loupe.

4-6. **Pseudodiadema** Kleinii Desor. De la craie de Royan.

Fig. 4 d'en haut.

Fig. 5 de profil.

Fig. 6 d'en bas.

Fig. 6ᵃ Portion d'ambulacre grossi, montrant la disposition des pores et les sutures des plaques, telles qu'elles se voient dans les exemplaires un peu corrodés.

7-11. **Diplopodia** subangularis M'Coy. Du corallien.

Fig. 7 d'en haut.

Fig. 8 de profil.

Fig. 9 d'en bas.

Fig. 10 Ambulacre grossi à la loupe.

Fig. 11 Trois radioles.

12-14. **Diplopodia** Malbosii Desor. De la craie à hippurites des Corbières.

Fig. 12 d'en haut.

Fig. 13 de profil.

Fig. 14 d'en bas.

Fig. 13ᵃ Portion d'ambulacre grossi à la loupe.

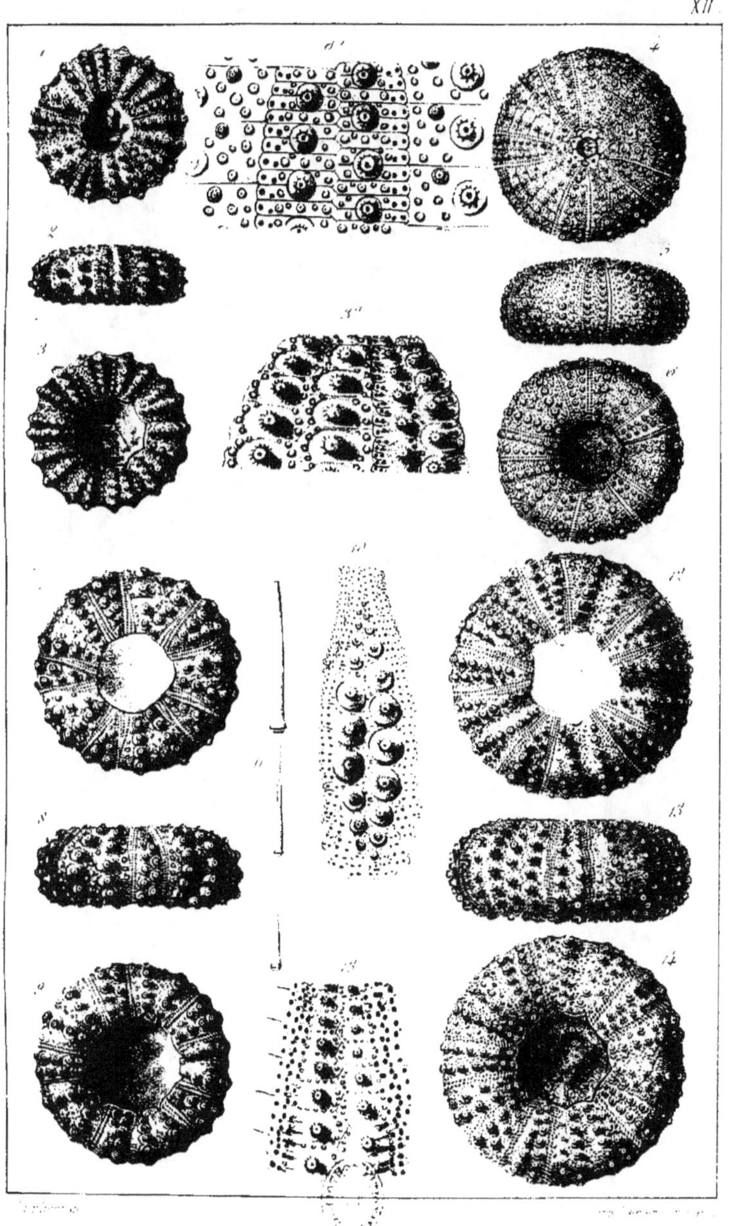

TAB. XIII.

Radioles du groupe des Diadèmes.

Fig. 1 et 2. **Diademopsis** Heeri Merian. Du lias inférieur d'Argovie.

Fig. 1 Exemplaire de la collection de M. Heer.

Fig. 2 Radiole isolé du même échantillon, de grandeur naturelle.

Fig. 2ª et 2ᵇ Portion du même radiole vu à la loupe.

3. Radiole du **Diadema** Savignii Mich. (espèce vivante).

Fig. 3 de grandeur naturelle.

Fig. 3ª Portion du même radiole vu a la loupe pour montrer la **structure** particulière de ce type.

4. **Pseudodiadema** hemisphæricum Desor. Du corallien.

Fig. 4 Exemplaire du musée de Vienne (collection Dudressier).

Fig. 4ª Fragment de radiole grossi à la loupe.

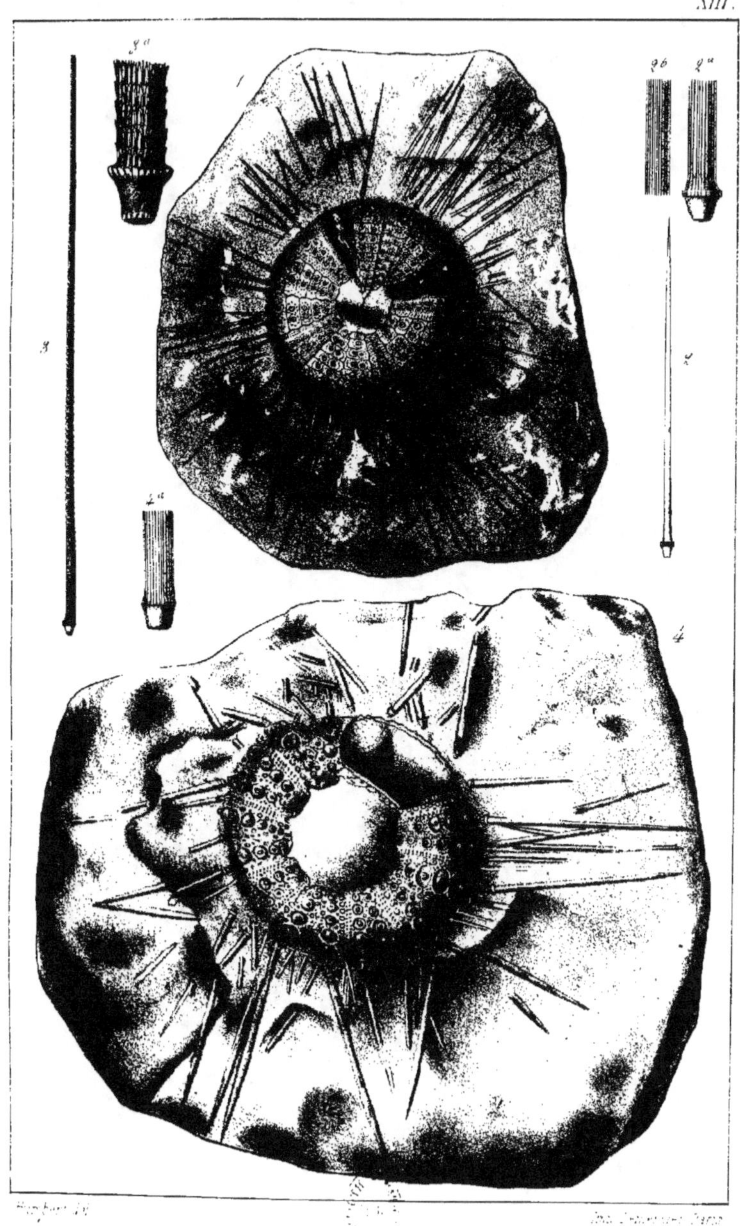

Types du groupe des Diadèmes.

TAB. XIV.

Fig. 1 et 2. **Acropeltis** æquituberculata Agass. Du corallien d'Angoulin, près la Rochelle.

Fig. 1 d'en haut.

Fig. 2 de profil.

Fig. 1ᵃ Appareil apicial grossi.

3-7. **Goniopygus** peltatus Agass. Du néocomien supérieur.

Fig. 3 de profil.

Fig. 4 d'en haut.

Fig. 5 d'en bas.

Fig. 6 Radiole de grande dimension plisse.

Fig. 7 Petit radiole.

8-11. **Acrocidaris** nobilis Agass. Du corallien.

Fig. 8 d'en haut.

Fig. 9 d'en bas.

Fig. 10 de profil.

Fig. 11 Radiole de grandeur naturelle.

12-14. **Diademopsis** serialis Desor. De l'infra-lias.

Fig. 12 d'en haut.

Fig. 13 de profil.

Fig. 14 d'en bas.

15 et 16. **Goniopygus** Menardi Agass. De la craie chloritée.

Fig. 15 Grand exemplaire.

Fig. 16 Petit exemplaire.

Fig. 16ᵃ Appareil apicial grossi.

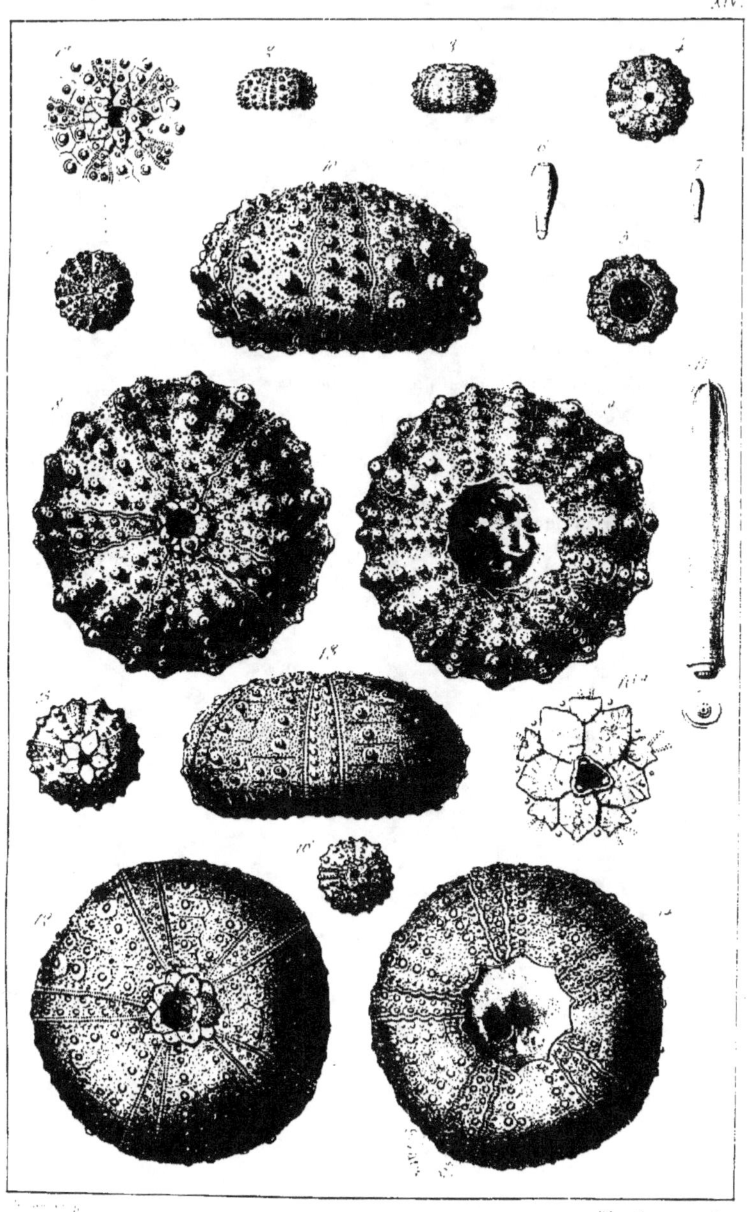

TAB. XV.

Types des genres Phymosoma et Coptosoma.

Fig. 1-4. **Phymosoma** Koenigii Desor. De la craie blanche.

    Fig. 1 d'en haut.

    Fig. 2 d'en bas.

    Fig. 3 de profil.

    Fig. 4 Fragment du test avec ses radioles, vu par la face interne.

    Fig. 4ª Portion de radiole grossi à la loupe.

5-7. **Phymosoma** Delamarrei Desor. De la craie à hippurites d'Algérie.

    Fig. 5 d'en haut.

    Fig. 6 d'en bas.

    Fig. 7 de profil.

    Fig. 7ª Portion du test grossi à la loupe, montrant la disposition des plaques
        et des pores.

8-10. **Coptosoma** cribrum Desor. Du terrain nummulitique de Castel-Gom-
    berto.

    Fig. 8 d'en haut.

    Fig. 9 d'en bas.

    Fig. 10 de profil.

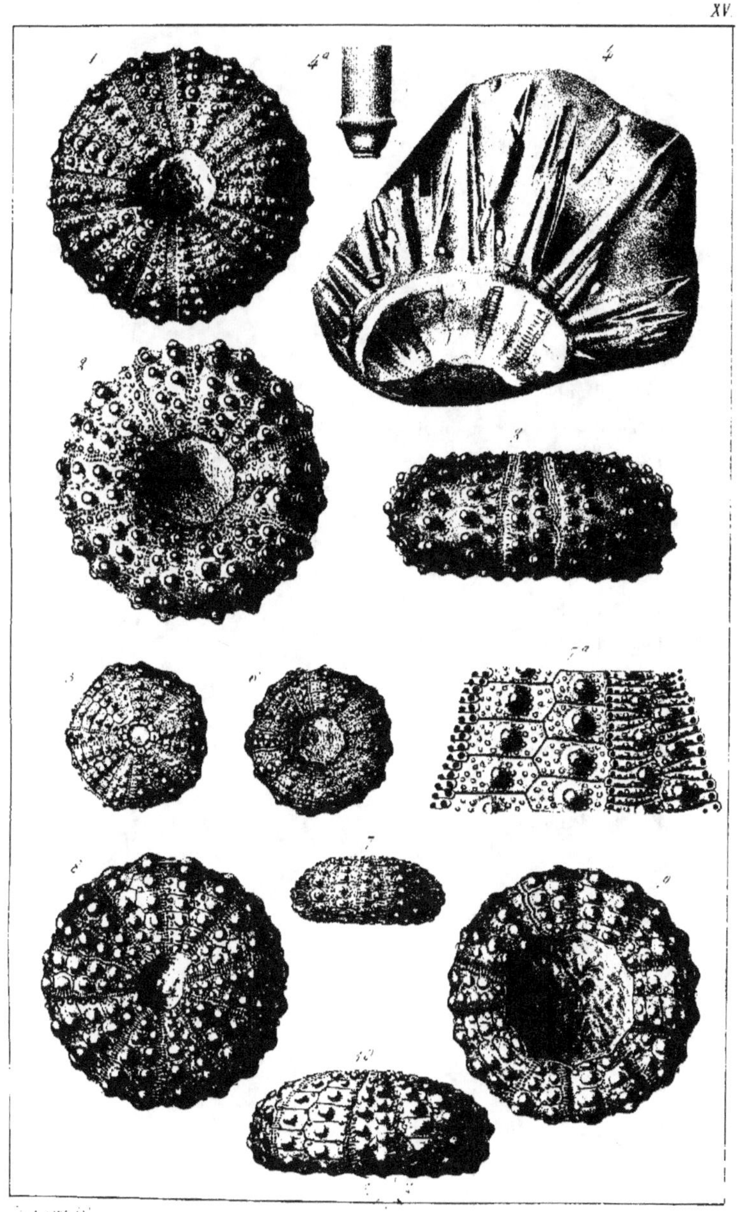

Types des genres Pygaster et Hyboclypus

TAB. XVI.

Fig. 1-3. **Glypticus** hieroglyphicus Agass. Du corallien

    Fig. 1 d'en haut.

    Fig. 2 de profil.

    Fig. 3 d'en bas.

  4-6. **Coelopleurus** equis Agass. Du terrain nummulitique

    Fig. 4 d'en haut.

    Fig. 5 de profil.

    Fig. 6 d'en bas.

  6ᵃ. **Coelopleurus** spinosissimus Agass. Du calcaire grossier de Paris.

    Fig. 6ᵇ Profil grossi du même, montrant la forme épineuse et saillante des

        tubercules ambulacraires.

  7. **Echinopsis** Gacheti Agass. Du calcaire grossier de Blaye.

  8-10. **Echinopsis** elegans Agass. Du terrain nummulitique de Royan (Gironde).

    Fig. 8 d'en bas.

    Fig. 9 de profil.

    Fig. 10 d'en haut.

  11-13. **Pedina** sublævis Agass. Du corallien inférieur.

    Fig. 11 d'en haut.

    Fig. 12 de profil.

    Fig. 13 d'en bas

    Fig. 14 Appareil apicial grossi.

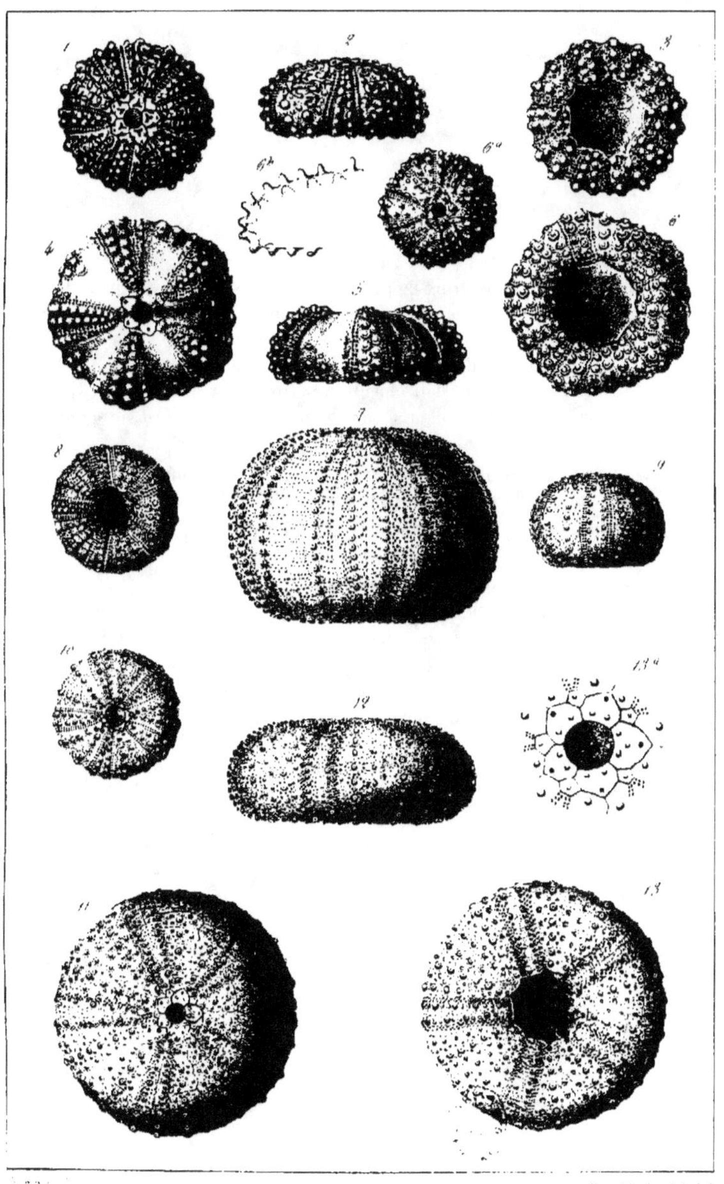

TAB. XVII.

Genres du groupe des Sculptés.

Fig. 1-3. **Glyphocyphus radiatus** Desor. D'après nature.
    Fig. 1 d'en haut   }   Ces trois figures sont légèrement grossies dans les
    Fig. 2 d'en bas   }   proportions qu'indiquent les traits à côté de
    Fig. 3 de profil   }   fig. 1 et 3.
    Fig. 1a L'appareil apicial grossi du double, pour montrer l'étroitesse de
        l'anneau apicial relativement au périprocte.
    Fig. 3a Portion d'ambulacre et d'aire interambulacraire grossie quatre
        fois.
    4. **Opechinus** Rousseaui Haime. D'après d'Archiac et Haime.
    Fig. 4a Fragment du test grossi cinq fois.

Fig. 5. **Opechinus** Valenciennesi Haime. D'après d'Archiac et Haime.

Fig. 6-7. **Temnechinus** excavatus Wood. D'après Forbes.
    Fig. 6a Portion du test grossie quatre fois.

Fig. 8-10. **Temnopleurus** toreumaticus Agass. D'après nature.
    Fig. 10a Portion du test grossie deux et demi fois.

Fig. 11-12. **Salmacis bicolor** Agass. D'après nature, légèrement réduit.
    Fig. 12a L'appareil apicial grossi une et demi fois, montrant la structure
        exacte et la disposition des plaques génitales et ocellaires ; plus
        trois plaques anales qui sont restées en place.
    Fig. 12b Portion de l'ambulacre grossi, montrant la disposition bigéminée
        des pores.

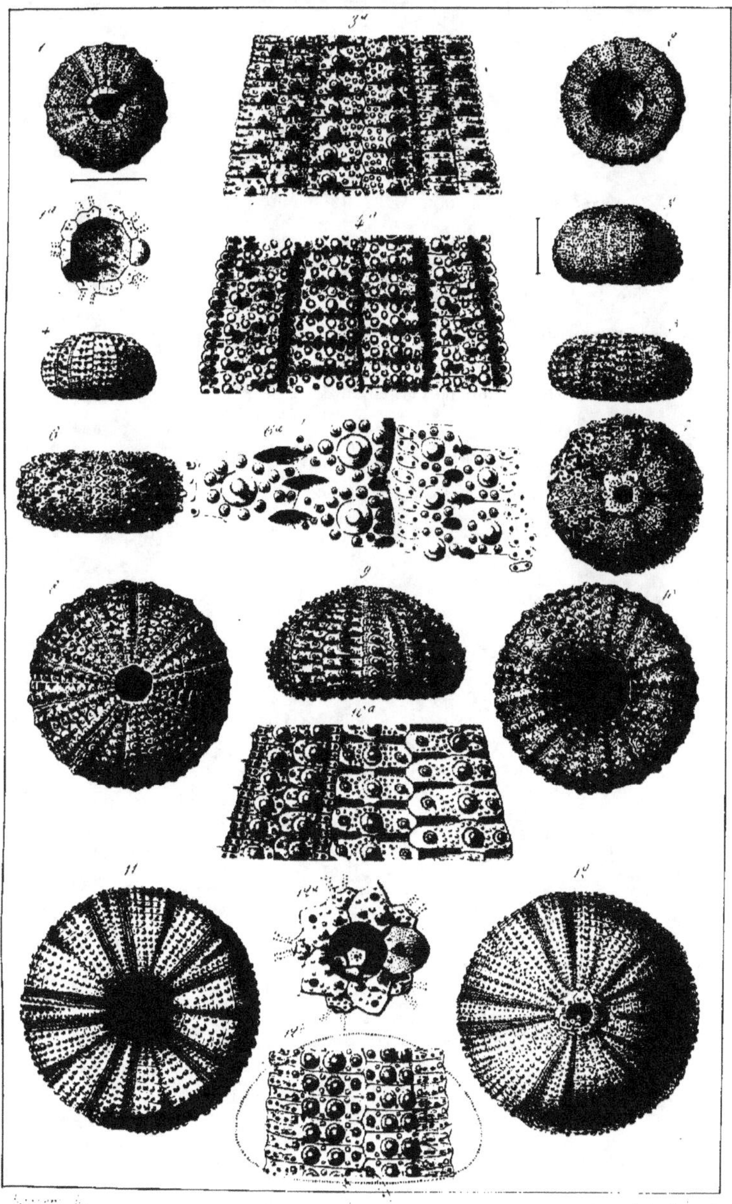

Types des genres Ch[...]morph[...] [...]
[...]ommechinus, [...]emmopleur[...] et Sal[...]

TAB. XVII. *bis*.

Fig. 1-2. **Toxopneustes** neglectus Agass. Des mers du Nord. D'après nature.
    Fig. 1 d'en haut.
    Fig. 2 d'en bas.
    Fig. 1ᵃ Portion d'ambulacre grossie.

Fig. 3-5. **Phymechinus** mirabilis Desor. Du Corallien. D'après nature.
    Fig. 3 de profil.
    Fig. 3ᵃ Portion d'ambulacre grossie.
    Fig. 4 d'en haut.

Fig. 6-7. **Stirechinus** Scillæ Desor. Du Pliocène de Messine. D'après nature.
    Fig. 6 d'en haut.
    Fig. 7 de profil.
    Fig. 7ᵃ Portion d'ambulacre grossie.

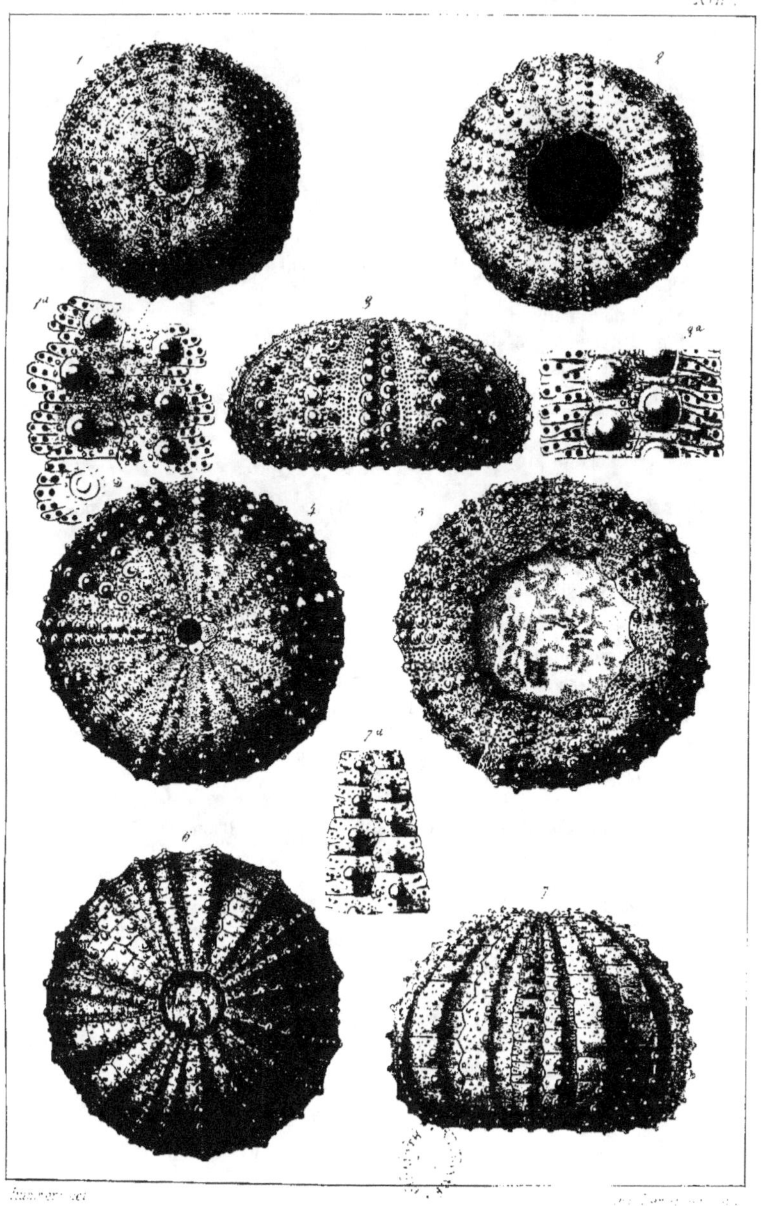

Types des genres Toxechinus, Phymechinus et Glyptechinus.

TAB. XVIII.

Fig. 1-3. **Psammechinus** Serresii Agass. De la Molasse. D'après nature.
    Fig. 1 de profil.
    Fig. 2 d'en haut.
    Fig. 2ª Portion grossie du test.
    Fig. 3 d'en bas.

Fig. 4. **Hypechinus** Patagonensis Desor. Du tertiaire moyen. D'après un moule.
    Fig. 4 pe profil.
    Fig. 4ª Portion grossie du test.

Fig. 5-7. **Stomechinus** bigranularis Desor. De la grande oolithe (Bathonien).
    D'après Forbes.
    Fig. 5 d'en haut.
    Fig. 6 de profil.
    Fig. 7 d'en bas.

Fig. 8 **Psammechinus** miliaris Agass. Des côtes de la Manche. D'après nature.
    Fig. 8 d'en bas, montrant la structure écailleuse de la membrane buccale.
    Fig. 8ª. Portion grossie du test.

Fig. 9. **Tripneustes** Parkinsoni Agass. De la molasse. D'après nature.
    Fig. 9 d'en haut.

Fig. 10-12. **Psammechinus** monilis Desor. De la molasse. D'après nature.
    Fig. 10 de profil.
    Fig. 11 d'en haut.
    Fig. 12 d'en bas.
    Fig. 12ª Portion grossie du test, pour montrer la disposition des pores
        et des tubercules.

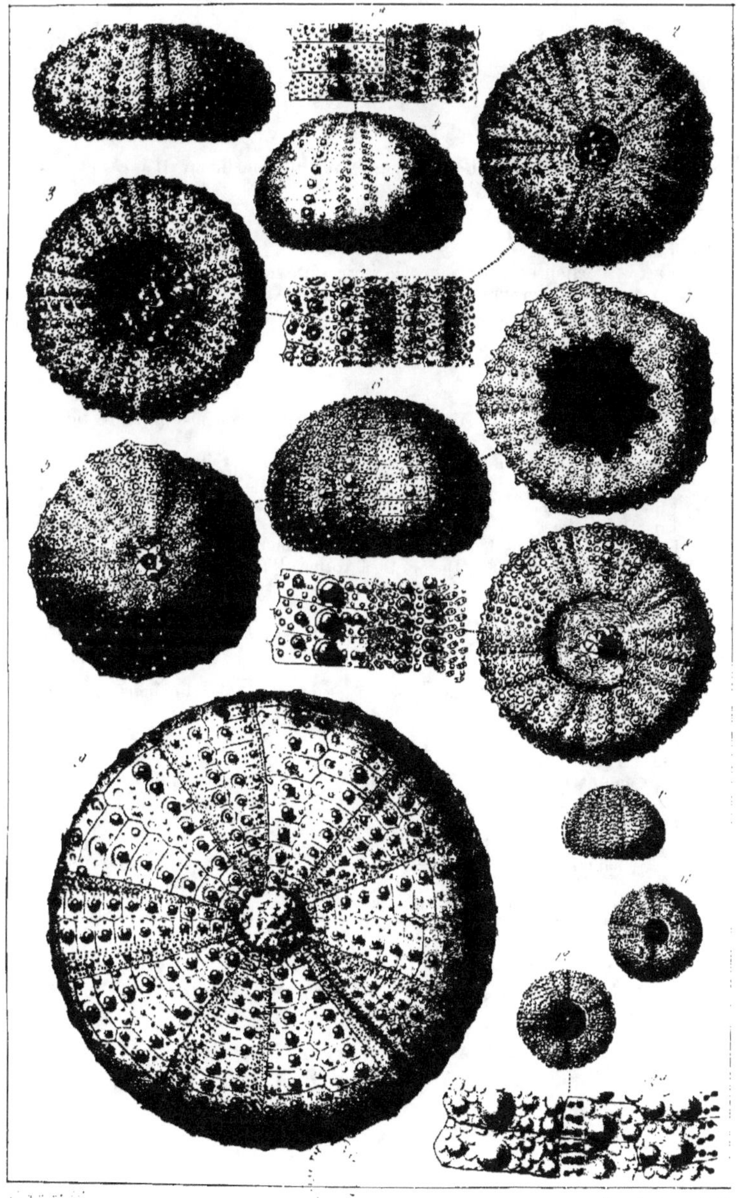

Types des genres Psammechinus, Hype[illegible], [illegible]
[illegible]

TAB. XIX.

Fig. 1-3. **Cottaldia** granulosa Desor. Du grès vert (Cénomanien). D'après Forbes.
Fig. 1 d'en haut.
Fig. 2 de profil.
Fig. 2a Portion grossie du test.
Fig. 3 d'en bas.
Fig. 3a Portion de deux zones porifères grossies.
Fig. 4-6 **Polycyphus** Normannus Desor. De la grande Oolithe (Bathonien). D'après le « Catalogue raisonné. »
Fig. 4 d'en haut.
Fig. 4a l'appareil apicial grossi.
Fig. 5 d'en bas.
Fig. 6 de profil.
Fig. 6a Portion grossie du test pour montrer la disposition des tubercules et celle des pores.
Fig. 7-9 **Magnosia** jurassica Desor. Du Corallien. D'après Cotteau.
Fig. 7 d'en haut.
Fig. 8 de profil.
Fig. 9 d'en bas.
Fig. 9a Portion grossie d'une aire interambulacraire.
Fig. 10-12 **Codechinus** rotundus Desor. De l'Aptien. D'après nature.
Fig. 10 d'en haut.
Fig. 11 de profil.
Fig. 11a Portion grossie du test, pour montrer la disposition des pores et des tubercules.
Fig. 12 d'en bas.
Fig. 13-14. **Codiopsis** Pisum Desor. De la craie chloritée du Mans. D'après nature. *
Fig. 13 de profil.
Fig. 14 d'en haut.
Fig. 15-17. **Codiopsis** Doma Agass. Du Tourtia. D'après le Catalogue raisonné.
Fig. 15 d'en haut.
Fig. 16 de profil.
Fig. 16a Portion grossie du test. **
Fig. 17 d'en bas.

    * Cette espèce a été placée par inadvertance à la suite du genre Codechinus dans le texte.
    ** La structure ridée caractéristique de ce type pourrait être plus accusée dans notre figure.

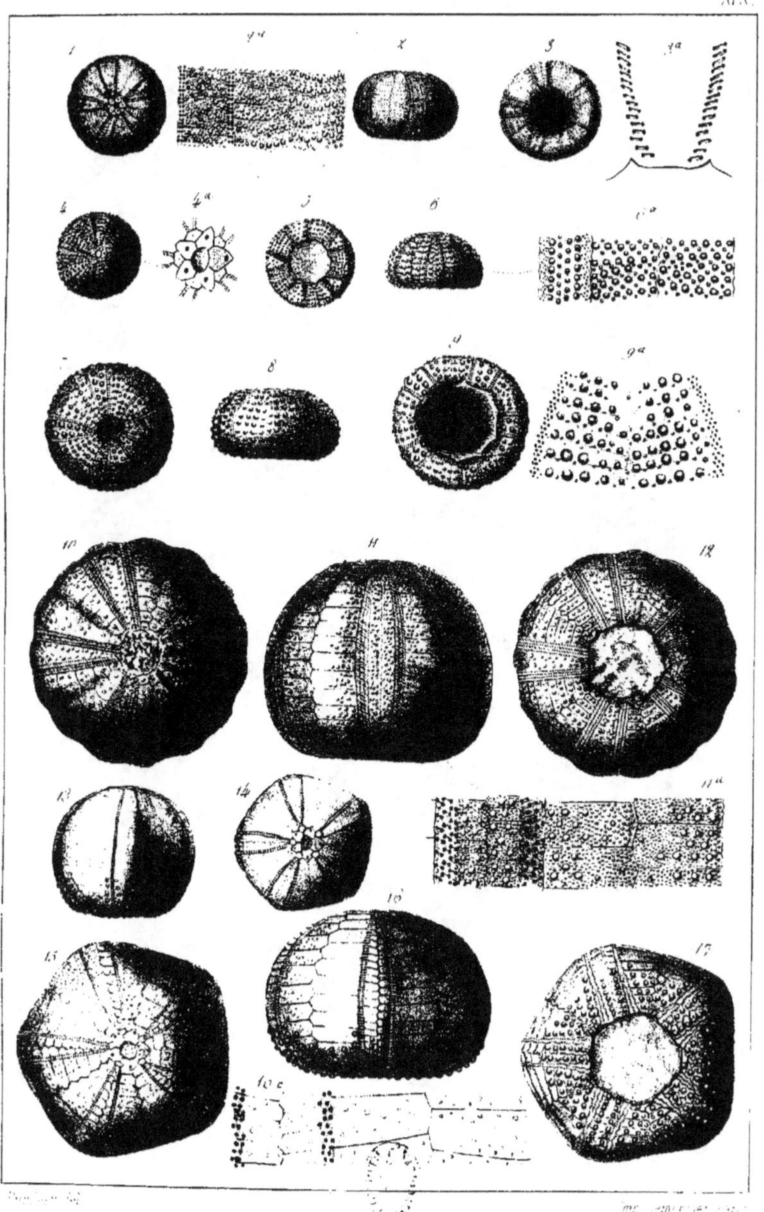

TAB. XX.

Types de genres de la tribu des Salénies.

Fig. 1-3 **Salenia** petalifera Defr. Du grès vert (Cénomanien). D'après Forbes.
Fig. 1 d'en haut.
Fig. 1ᵃ Appareil apicial grossi.
Fig. 2 de profil.
Fig. 3 d'en bas.
Fig. 4. **Salenia** anthophora Muller. De la craie blanche. D'après un moule en plâtre.
Fig. 5. **Salenia** stellifera Hagenow. De la craie blanche. D'après un moule en plâtre.
Fig. 6 d'en haut.
Fig. 7 du profil.
Fig. 8 du bas.
Fig. 6-8. **Hyposalenia** stellulata Desor. Du Néocomien inférieur (Valanginien). D'après Agassiz.
Fig. 9-11. **Peltastes** acanthodes Agass. Du grès vert (Cénomanien). D'après Agassiz.
Fig. 9 d'en haut.
Fig. 9ᵃ Appareil apicial grossi.
Fig. 10 de profil.
Fig. 11 d'en bas.
Fig. 12-13 **Goniophorus** apiculatus Agass. Du grès vert (Cénomanien). D'après Agassiz.
Fig. 12 d'en haut.
Fig. 12ᵃ Appareil apicial grossi.
Fig. 13 de profil.
Fig. 14-16 **Acrosalenia** spinosa Agass. De la grande Oolite. D'après Agassiz.
Fig. 14 d'en bas.
Fig. 15 d'en haut.
Fig. 15ᵃ Appareil apicial grossi.
Fig. 16 de profil.
Fig. 16ᵃ Ambulacre grossi.
Fig. 17-18. **Acrosalenia** aspera Agass. Du Portlandien. D'après Agassiz.
Fig. 17 de profil.
Fig. 18 d'en haut.
Fig. 19-23. **Acrosalenia** hemicidaroïdes Wright. De la grande oolithe. D'après Wright et Forbes.
Fig. 19 d'en haut.
Fig. 19ᵃ Appareil apicial grossi. On voit la structure spongieuse du corps madréporiforme sur l'une des plaques génitales.
Fig. 20 de profil.
Fig. 21 d'en bas.
Fig. 22 d'en haut, grand exemplaire avec tronçons de radioles.
Fig. 23. Radioles de grandeur naturelle.

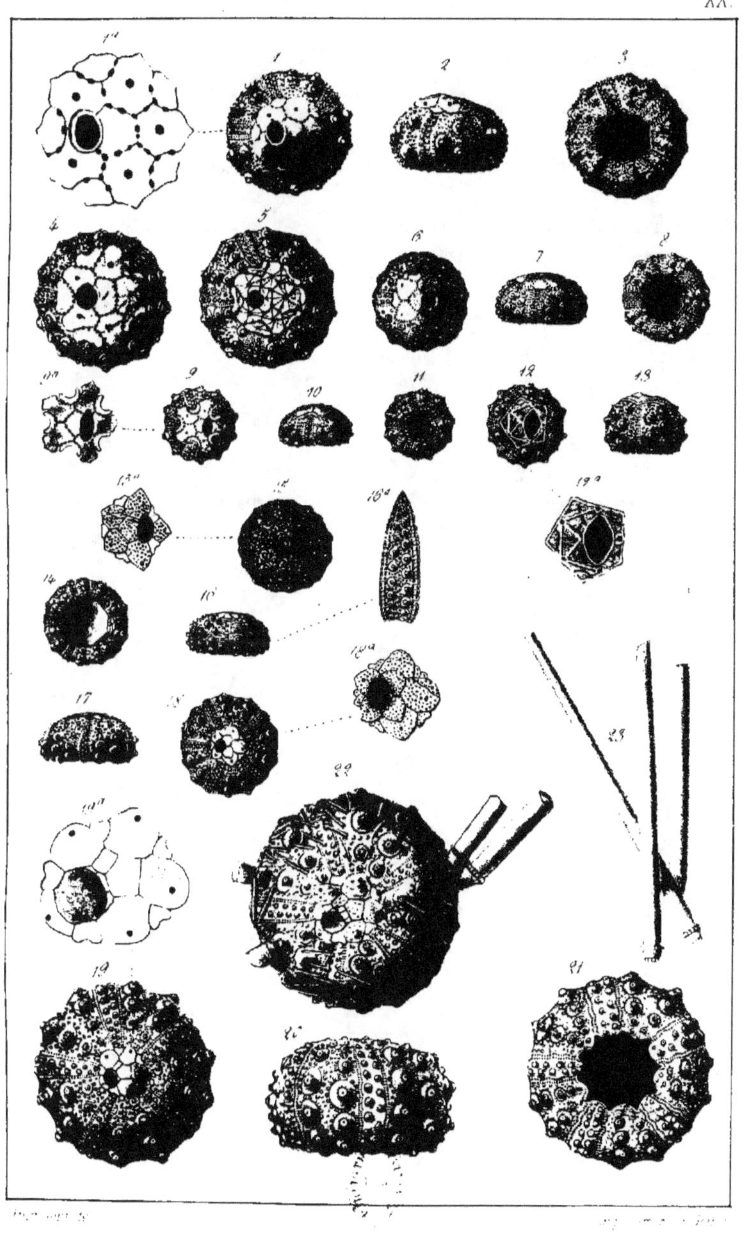

Types des genres Salenia, Peltastes, Goniopygus
et Acrosalenia

TAB. XXI.

Types de genres de la tribu des Tessellés.

Fig. 1-2. **Cidaris** grandaevus Goldf. Du Muschelkalk. D'après Quenstedt.
    Fig. 1 Plaquettes coronales, portant chacune un tubercule.
    Fig. 2. Radioles de grandeur naturelle.
Fig. 3-6. **Eocidaris** Rossica Desor. Du calcaire carbonifère de Russie. D'après
    Verneuil.
    Fig. 3. Plaquette de grandeur naturelle.
    Fig. 4 Partie basale d'un radiole.
    Fig. 5 Radiole à peu près complet.
    Fig. 6 Fragment de radiole, variété à gros granules.
Fig. 7-10. **Archæocidaris** Koninckii Desor. De l'argile anthraxifère de Bel-
    gique. D'après nature.
    Fig. 7. Plaquette pentagonale.
    Fig. 8- -10. Trois plaquettes hexagonales.
Fig. 11-12. **Archæocidaris** Urii Desor. Du calcaire carbonifère d'Irlande. D'après
    M'Coy.
    Fig. 11. Fragment de roche sur lequel se voient deux plaques coronales,
        toutes deux hexagonales et quatre radioles.
    Fig. 12 Radiole isolé, probablement de la même espèce.
Fig. 13-14. **Eocidaris** Verneuiliana Desor. Du calcaire carbonifère de Tunstall.
    D'après King.
    Fig. 13. Fragment d'aire interambulacraire.
    Fig. 14. Autre fragment, avec une seule rangée de tubercules.
Fig. 15-16. **Eocidaris** Kaiserlingii, Du Zechstein d'Allemagne. D'après Geinitz.
    Fig. 15. Groupe de plaquettes de grandeur naturelle.
    Fig. 15. Le même grossi.
    Fig. 16. Radiole attribué à la même espèce.
    Fig. 16a Le même radiole grossi.
    Fig. 17. **Eocidaris** scrobiculata Desor. Du Dévonien de Vilmar. D'après Sand-
    berger. Plaquette de grandeur naturelle.
Fig. 18-22. **Eocidaris** lævispina Desor. Du Dévonien de Vilmar. D'après Sandberger
    Fig. 18, 19 et 20. Plaquettes isolées de grandeur naturelle.
    Fig. 21. Radiole attribué à la même espèce.
    Fig. 22. Fragment de radiole montrant la facette articulaire lisse.

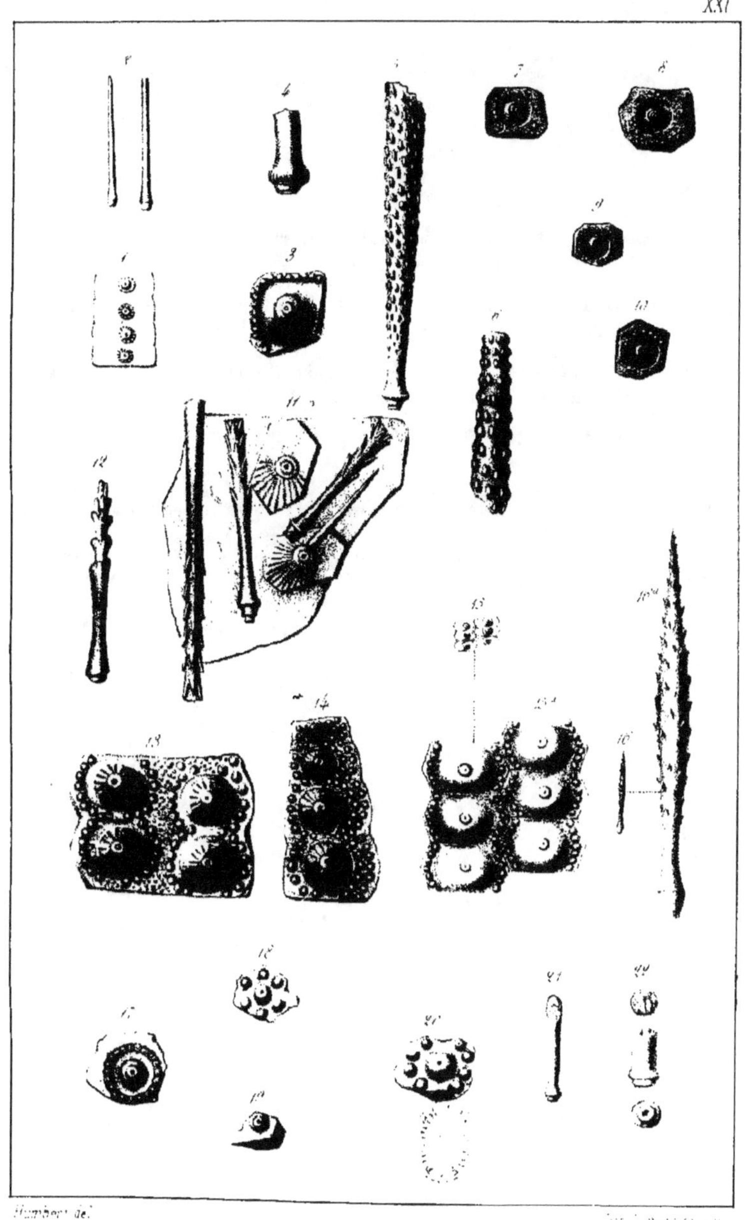

Types de Cidarides triasiques et jurassiques.

TAB. XXII.

Fig. 1-3. **Pygaster Gresslyi** Agass. Du Corallien supérieur de Vauligny près Tonnerre. D'après Cotteau.

Fig. 4. **Nucleopygus costellatus** Desor. Du grès calcarifère (Cénomanien) de l'Ile d'Aix. D'après Desor [1].

Fig. 5. **Pygaster truncatus** Agass. Du grès calcarifère (Cénomanien) de l'Ile d'Aix. D'après Desor [2].

Fig. 6. **Pileus hemisphaericus** Desor. Du Corallien de Coulanges-sur-Yonne. D'après Cotteau.

[1] M. Cotteau propose de faire de cette espèce le type d'un genre nouveau qu'il appelle *Anorthopygus*.

[2] Cette espèce va également devenir entre les mains de M. Cotteau le type d'un nouveau genre sous le nom de *Macropygus*. Voir pour ces deux genres l'ouvrage de M. Cotteau sur les oursins fossiles de la Sarthe.

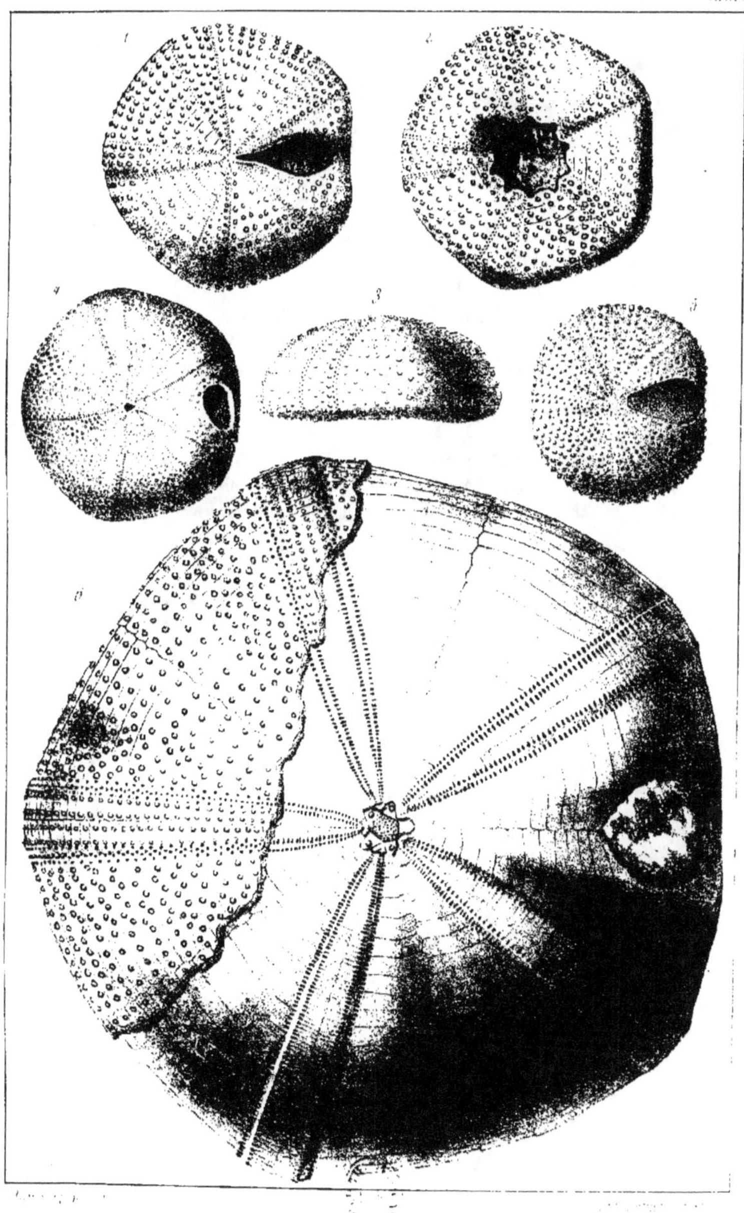

TAB. XXIII.

Fig. 1-3. **Holectypus corallinus** d'Orb. Du Corallien de Druyes et Chatel-Censoir
(Yonne). D'après Cotteau.
Fig. 1a. Appareil apicial grossi.

Fig. 4-6. **Holectypus macropygus** Desor. Du Néocomien de Neuchâtel.
Fig. 5a. Portion d'ambulacre grossie.
Fig. 5b. Portion d'aire interambulacraire grossie. D'après Desor.

Fig. 7-9. **Holectypus serialis** Desh. De la craie à hippurrites de Biskra (Algérie).
D'après nature.
Fig. 7a. Appareil apicial grossi.
Fig. 8a. Portion d'ambulacre et d'aire interambulacraire grossie, montrant le rapport des plaques et la disposition des tubercules.

Fig. 10-15. **Echinoconus hemisphaericus** Breyn. De la craie blanche de Maestricht. D'après Desor.
Fig. 10-12. Echantillon avec son test, vu par les trois faces.
Fig. 13-15. Moule intérieur en silex avec des traces de l'appareil masticatoire autour du péristome.

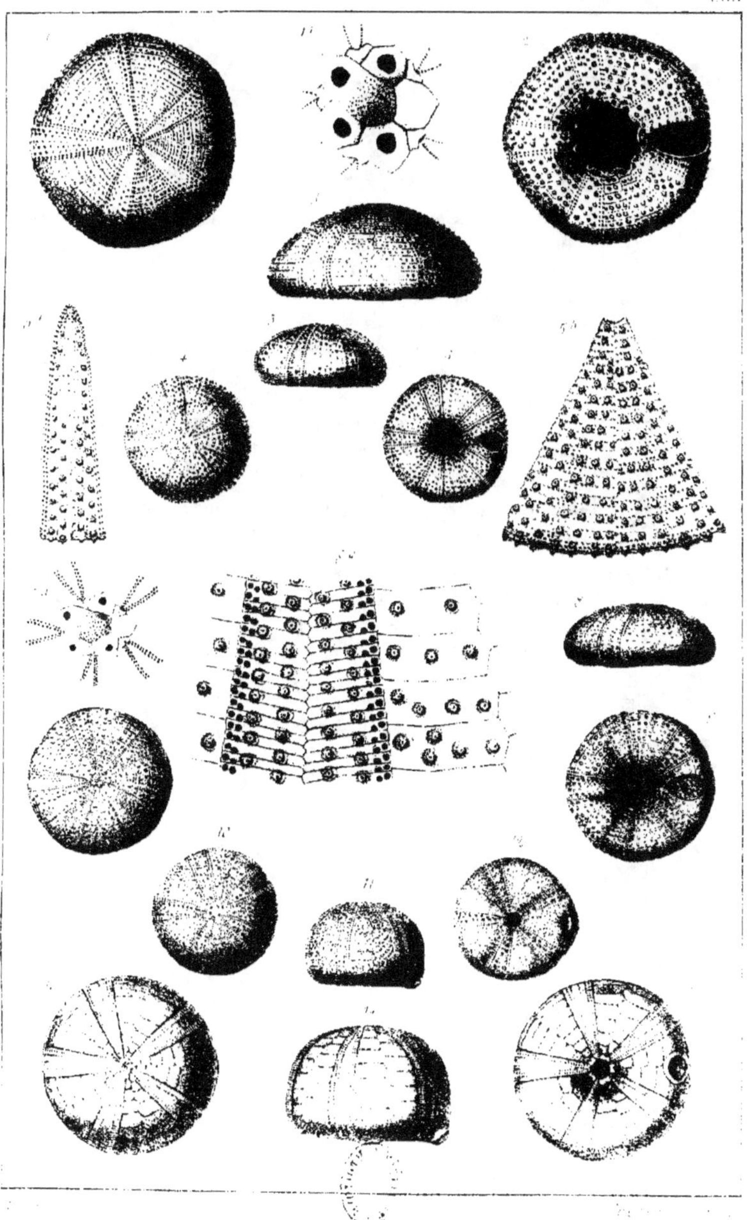

TAB. XXIV.

Fig. 1-6. **Discoïdea Subuculus** Klein. De la craie chloritée de Villers. D'après
nature.
Fig. 1. Petite variété.
Fig. 1a. Périprocte de la petite variété grossi, montrant la disposition
des plaques anales.
Fig. 2-4. Echantillon de moyenne dimension avec son test, vu par
trois faces.
Fig. 2a. Appareil apicial grossi.
Fig. 2b. Portion d'ambulacre et d'aire interambulacraire grossie, mon-
trant la disposition des tubercules et des pores.
Fig. 5. et 6. Moule intérieur vu de coté et par la face inférieure.

Fig. 7. et 8. **Discoïdea conica** Desor. Du Gault de la montagne du Fis. Moule
intérieur vu par deux faces. D'après Desor.

Fig. 9-14. **Discoïdea cylindrica** Agass. D'après Desor.
Fig. 9. Echantillon monstrueux, auquel il manque l'ambulacre impair.
De la craie marneuse de Rouen.
Fig. 10-12. Grand échantillon vu par trois faces. De la craie marneuse
de Rouen.
Fig. 10a. Appareil apicial de l'échantillon ci-dessus, grossi.
Fig. 13. Moule intérieur montrant les entailles provenant des cloisons
intérieures du test. Du Gault de la montagne des Fis.

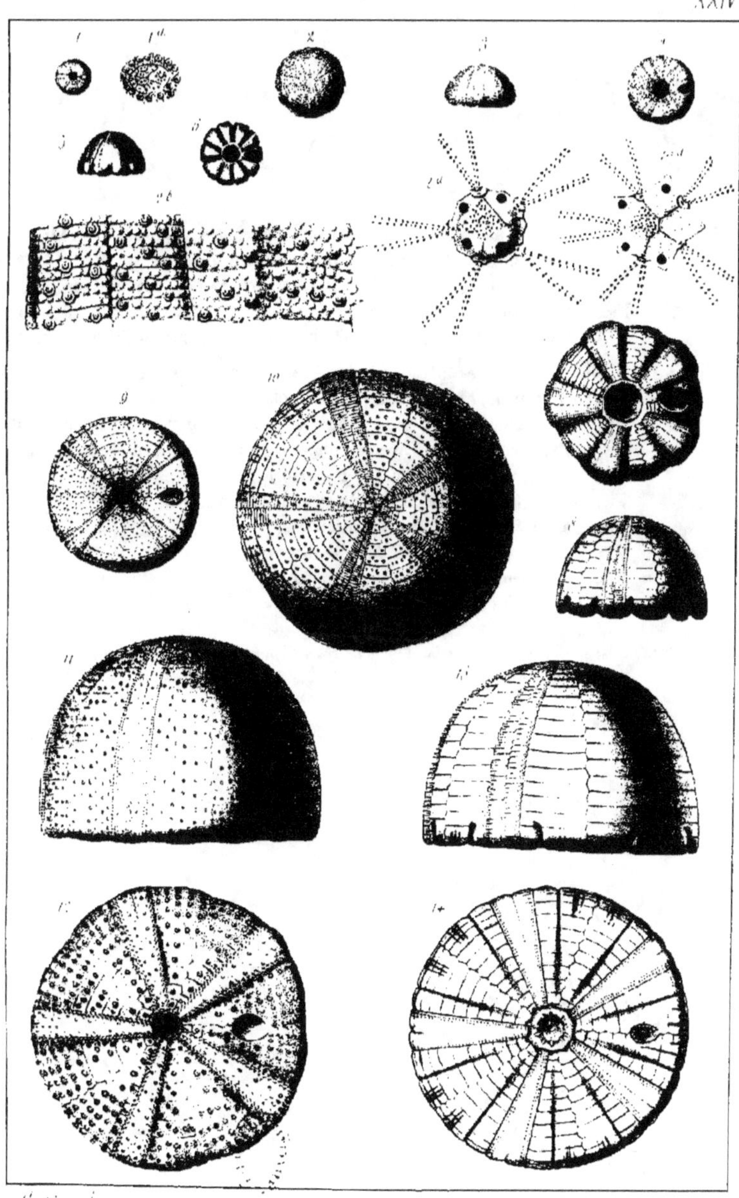

Types de Diadème.

TAB. XXV.

Fig. 1-4. Globator Nucleus Agass. De la craie supérieure (Couche à Echinides) de Sougraigne (Aude). D'après nature.

Fig. 1 a. Sommet grossi, montrant la structure de l'appareil apicial.

Fig. 3 a. Portion d'ambulacre et d'aire interambulacraire grossie, montrant la disposition des plaques et la distribution des tubercules.

Fig. 5-10. Galerites albogalerus Lam. De la craie blanche. D'après Desor.

Fig. 5-7. Forme obtuse, vue par les trois faces.

Fig. 5 a. Sommet de la même variété grossi, montrant la structure de l'appareil apicial, avec sa plaque génitale impaire beaucoup plus petite que les autres et imperforée.

Fig. 8. Portions de machoire de grandeur naturelle.

Fig. 8 a. et 8 b. Les mèmes grossies.

Fig. 9. Forme pyramidale. Moule siliceux.

Fig. 9 a. Forme haute et comprimée.

Fig. 10. Forme normale.

NOTA. C'est par erreur que le nom d'Echinocorys se trouve au bas de la Planche au lieu de Galerites.

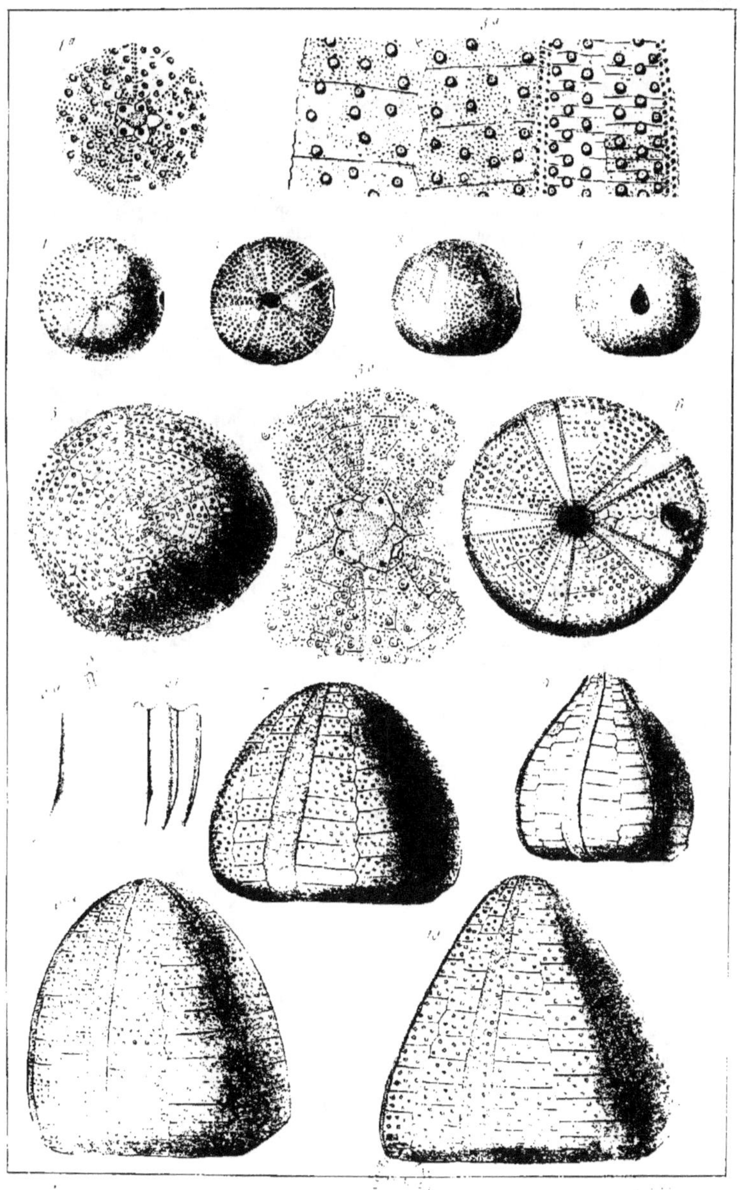

TAB. XXVI.

Fig. 1-3. **Desorella Orbignyana** Cot. Du Corallien inférieur d'Audryes (Yonne). Moule intérieur. D'après Cotteau.

Fig. 4-7. **Nucleopygus Icaunensis** Desor. Du Corallien inférieur de Merry-sur-Yonne. D'après Cotteau.
    Fig. 4a. Appareil apicial grossi. La plaque génitale impaire manque. Sa place est occupée par les deux plaques occellaires postérieures qui sont soudées ensembles.

Fig. 8-10. **Pyrina Ovulum** Agass. De la craie jaune de Tourraine. D'après Desor.

Fig. 11-13. **Hyboclypus gibberulus** Agass. Des marnes à Discoïdées (Vesulien) du Jura Argovien. D'après Desor.
    Fig. 11. Vu par en haut.
    Fig. 11a. Appareil apicial grossi. L'appareil est alongé, les plaques occellaires paires étant placées sur la même ligne que les plaques génitales.
    Fig. 12. Vu par en bas.
    Fig. 12a. Péristome grossi, montrant la disposition des pores.
    Fig. 13. Vu du profil.

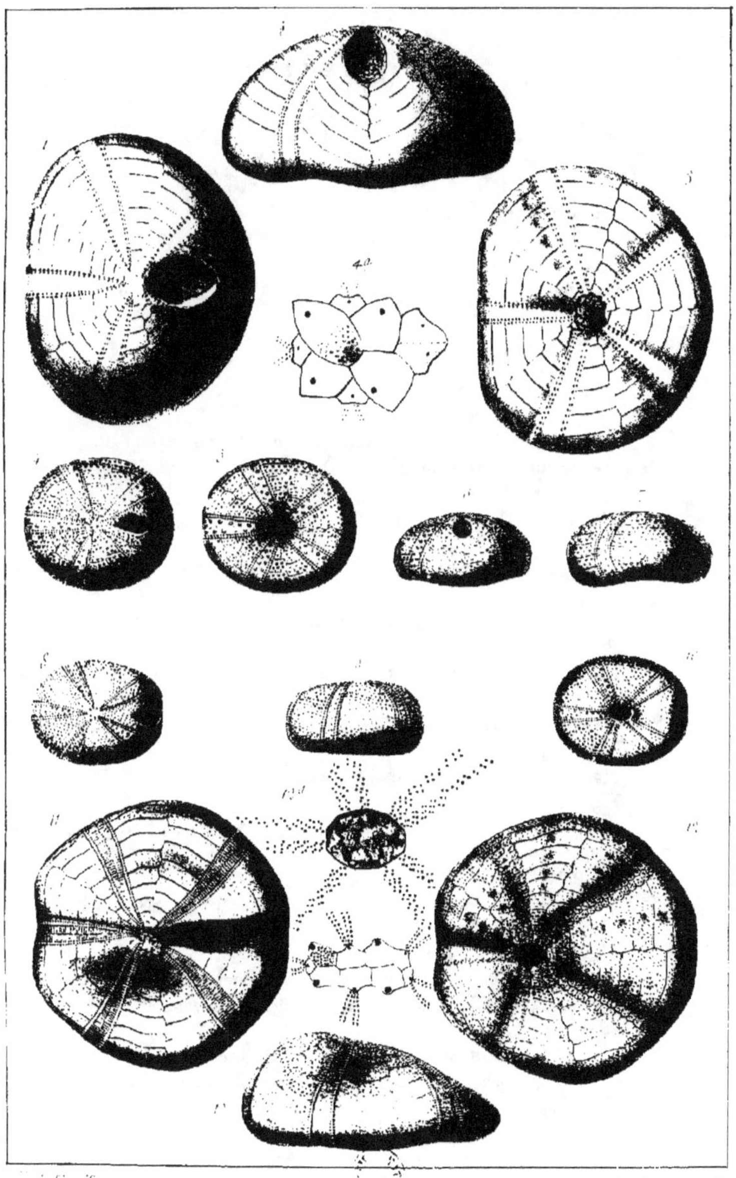

Types des genres [illegible]
et Hyd[illegible]

TAB. XXVII.

Fig. 1-3. Echinoneus cyclostomus Leske. Espèce vivante. D'après Desor. Les soies sont conservées d'un coté.

Fig. 3 a. Périprocte grossi, montrant la disposition des plaques anales.

Fig. 3 b. Une soie grossie.

Fig. 4. et 5. Fibularia subglobosa Desor. Danien de Maestricht. D'après Goldfuss.

Fig. 5 a. La même grossie, vue par en haut.

Fig. 6-10. Echinocyamus pyriformis Agass. Du calcaire grossier de la Dordogne. D'après Agassiz.

Fig. 9. L'appareil masticatoire vu

a) par en haut,

b) par en bas,

c, d, e) de profil.

Fig. 10. Intérieur du test, montrant les cloisons rayonnantes.

Fig. 11-13. Scutellina Hayesiana Agass. Du calcaire grossier de Grignon. D'après Agassiz.

Fig. 12 a. Echantillon grossi, vu par en haut.

Fig. 13 a. Le même vu par en bas.

Fig. 14-16. Moulinsia cassidulina Agass. Espèce vivante des côtes de la Martinique. D'après Agassiz.

Fig. 15 a. Echantillon grossi vu par en haut.

Fig. 16 a. Le même grossi vu par en bas.

Fig. 16 b. Portion du test sous un fort grosissement pour montrer la disposition des tubercules.

Fig. 17-19. Runa Comptoni Agass. Tertiaire des environs du Palerme. D'après Agassiz.

Fig. 18 a. Echantillon grossi, vu par en haut.

Fig. 19 a. Le même vu par en bas.

Fig. 20. et 21. Lenita patellaris Desor. Du calcaire grossier de Grignon. D'après nature.

Fig. 20 a. Face inférieure grossie.

Fig. 22-25. Scutellina nummularia Agass. Du calcaire grossier de Grignon. D'après Agassiz.

Fig. 22 a. Sommet apicial grossi.

Fig. 25. Vue de l'intérieur montrant la disposition des dix cloisons.

Fig. 26-28. Sismondia marginalis Agass. Du calcaire grossier de Blaye. D'après Agassiz.

Fig. 29. et 30. Laganum Bonani Klein. Espèce vivante de la Nouvelle Guinée.

Fig. 29. Appareil masticatoire de grandeur naturelle, vu

a) par en haut,

b) par en bas.

Fig. 30. Deux soies de la même espèce grossies.

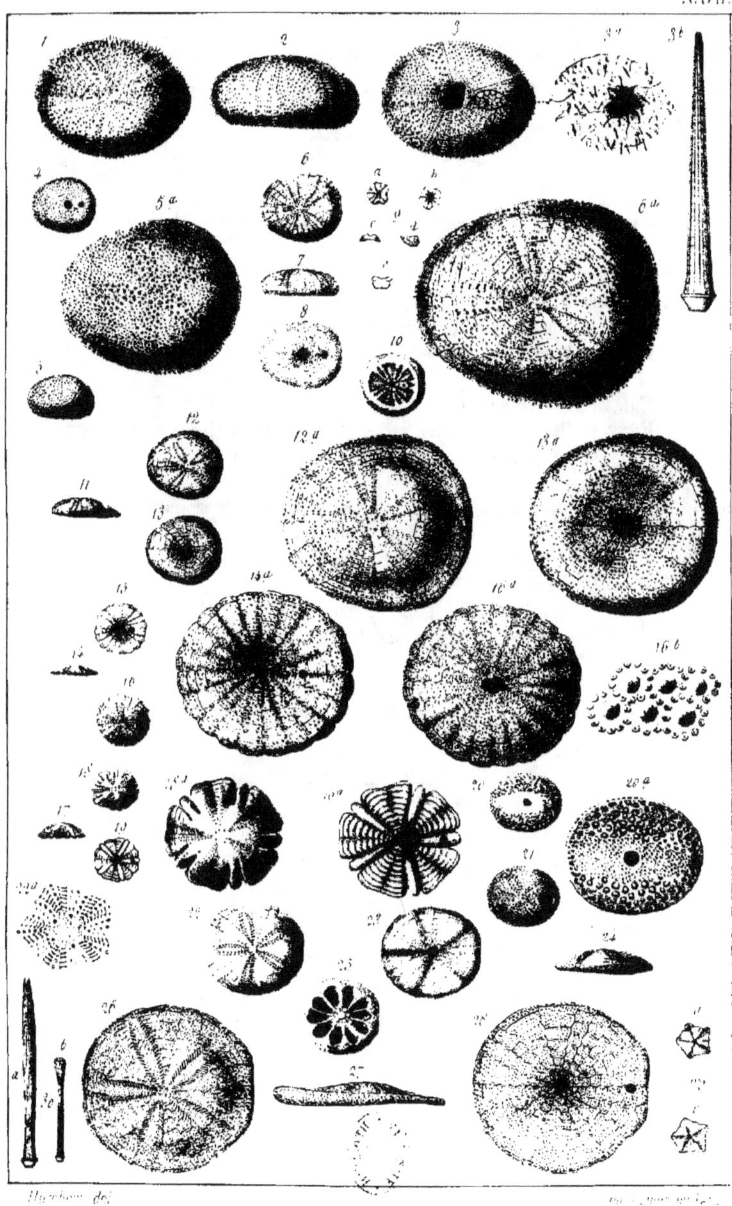

Types divers de la famille des Clypéastroïdes
et du genre Echinanthus

TAB. XXVIII.

Scutella subrotunda Lam. Du Myocène de Bordeaux. D'après nature un peu
réduit.

Fig. 1. Face supérieure.

Fig. 1a. Sommet apicial grossi.

Fig. 1b. Portion du test sous un fort grossissement.

Fig. 1c. Extrémité d'un ambulacre fortement grossi.

Fig. 2. Face inférieure.

Fig. 2a. Péristome grossi.

Fig. 2b. Portion de sillon ambulacraire de la face inférieure, fortement grossi, pour montrer la disposition des pores.

Fig. 3. Profil.

Fig. 4. Profil de l'intérieur, montrant la structure caverneuse du test.

Fig. 5. Appareil masticatoire de grandeur naturelle

a) une simple machoire, vue par derrière,

b) la même vue de profil,

c) l'appareil réuni, vu par la face inférieure,

d) le même disjoint, vu par la face supérieure.

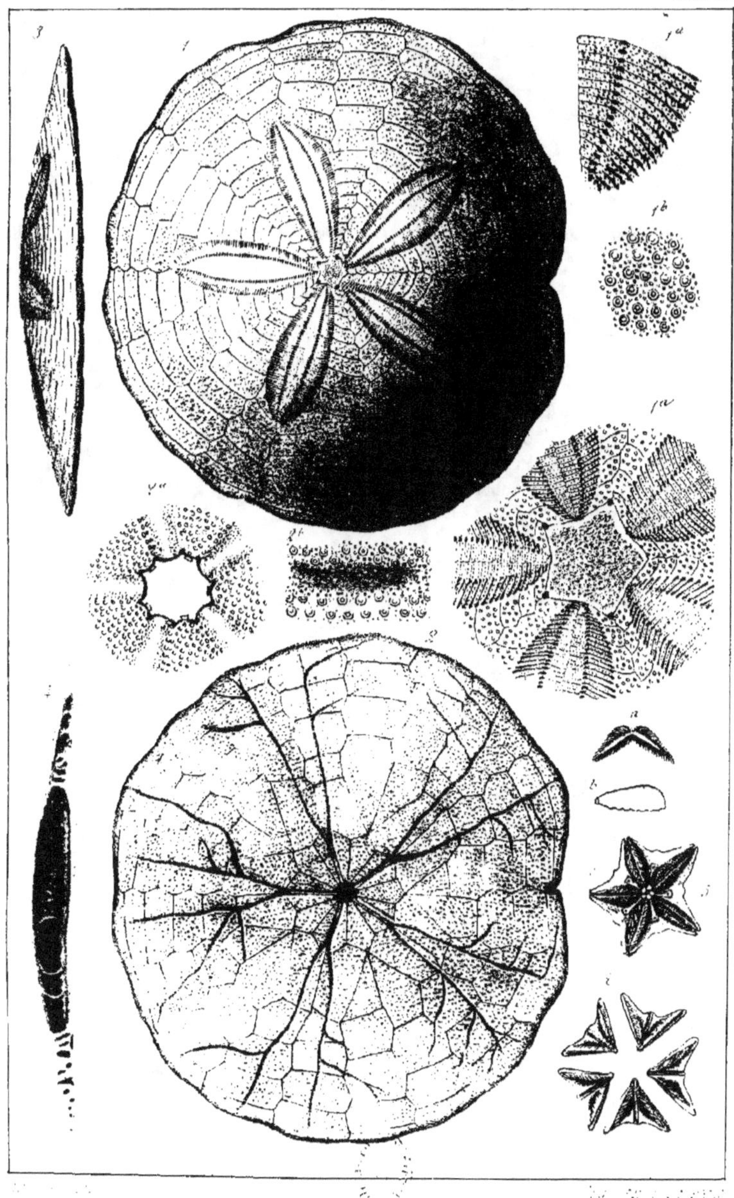

TAB. XXIX.

Clypeaster grandiflorus Bronn. Du Myocène de Boutonnet près Montpelier.
D'après nature.

Fig. 1. Vu par en bas.

Fig. 2. Vu par en haut.

Fig. 2a. Sommet ambulacraire grossi, montrant le corps madréporique, en forme de bouton pentagonal avec les cinq pores génitaux aux angles du pentagone et les petits pores ocellaires au sommet des ambulacres.

Fig. 3. Vu de profil.

Fig. 3a. Portion du test fortement grossie pour montrer la structure des tubercules.

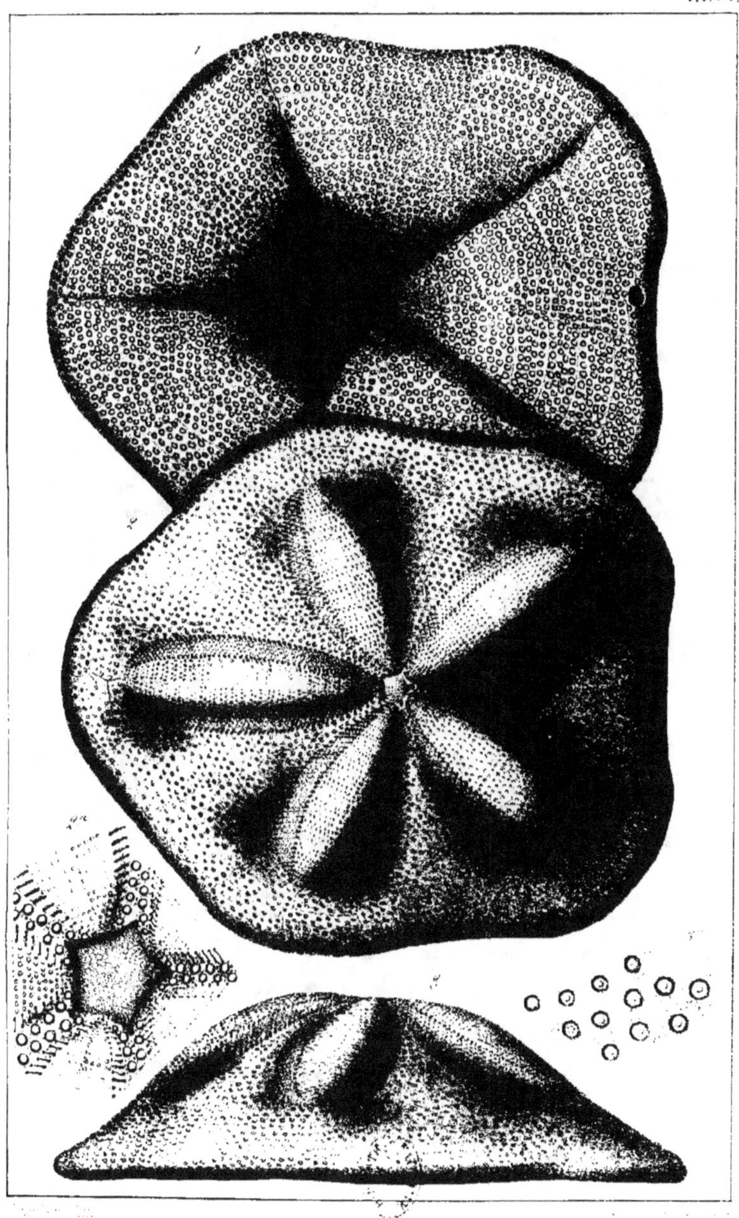

TAB. XXX.

Types de Cassidulides sans floscelle distinct.

Fig. 1-3. **Haimea Caillaudi** Mich. D'après Michelin.

Fig. 4-6. **Caratomus Avellana** Agass. De la craie supérieure de Crimée. D'après
    Desor.
        4ᵃ Dessus grossi pour montrer la structure des pétales et de l'appareil
        apicial. D'après d'Orbigny.
        6ᵃ Périprocte grossi pour en montrer le contour oblique, ainsi que la
        disposition des pores ambulacraires.

Fig. 7. et 8. **Amblypygus apheles** Agass. Du terrain nummulitique de Vérone.
    D'après Agassiz et Desor. Les figures sont réduites d'un tiers
    environ.

Fig. 9-11. **Pygaulus Desmoulini** Agass. Du néocomien supérieur (Urgonien). D'après
    nature.
        11ᵃ Péristome grossi (¹).

Fig. 12-14. **Echinobrissus (Trematopygus) Olfersii** Desor. Du néocomien. D'après
    nature.
        14ᵃ Péristome grossi, montrant la disposition des pores autour du pé-
    ristome oblique.

Fig. 15-17. **Nucleolites Roberti** Alb. Gras. Du néocomien supérieur. D'après na-
    ture.
        16ᵃ Dessus grossi, montrant la structure des pétales.

Fig. 18-20. **Echinobrissus clunicularis** d'Orb. De la grande oolite. D'après nature.

(¹) Le dessin n'est pas entièrement correct en ce qui regarde les pores ambulacraires. Au lieu
de lignes droites, ceux-ci décrivent des lignes arquées, représentant des phyllodes rudimentaires,
sans bourrelets intermédiaires. Il existe de plus dans l'intérieur de ces phyllodes plusieures paires
de pores additionnels qui ne sont pas indiquées dans le dessin.

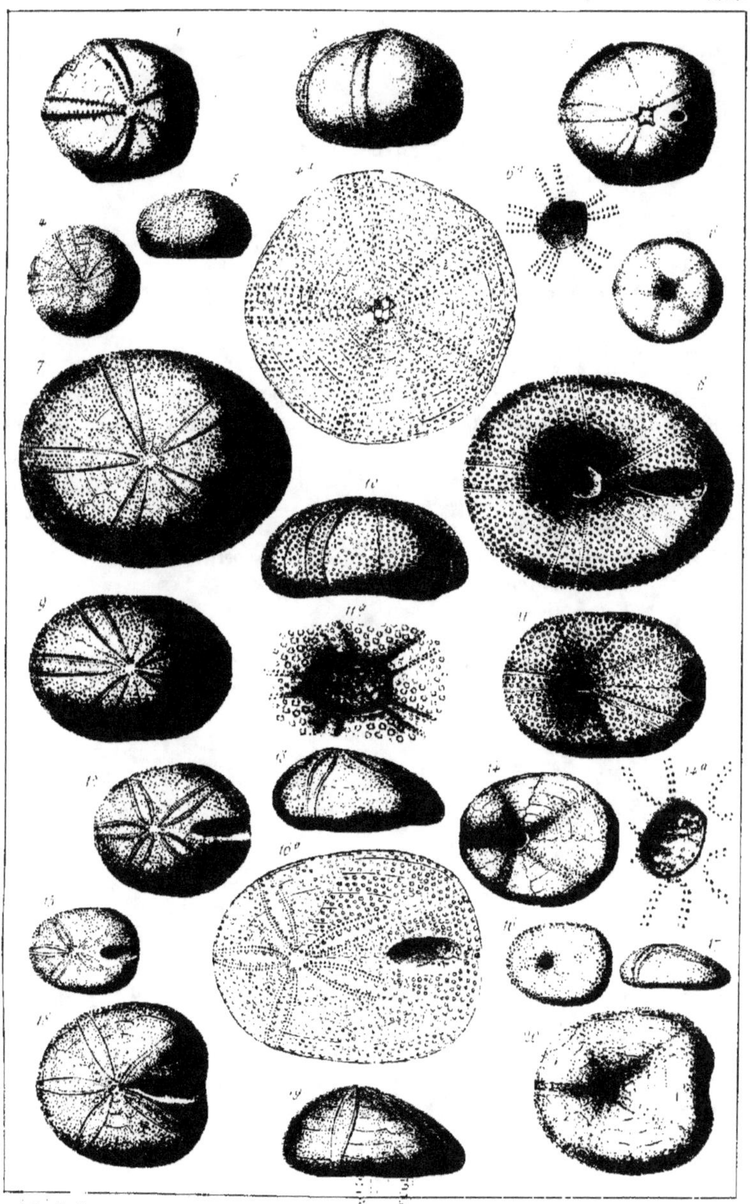

31

TAB. XXXI.

Types de Cassidulides avec floscelle.

Fig. 1-3. **Pygorhynchus Grignonensis** Agass. Du calcaire grossier de Paris. D'après nature.
    Fig. 1. Dessus.
    Fig. 2. Profil.
    Fig. 3. Dessous. On remarque la zône longitudinale médiane.

Fig. 4-6. **Echinolampas affinis** Desmoul. Du calcaire grossier de Paris. D'après nature.
    Fig. 4. Dessus.
    Fig. 5. Dessous.
    Fig. 6. Profil.

Fig. 7-9. **Botriopygus ovatus** d'Orb. Du néocomien supérieur (Urgonien).
    Fig. 7. Dessus.
    Fig. 8. Dessous.
    Fig. 9. Profil.
      7ᵃ Péristome grossi, entouré des cinq phyllodes, au milieu desquels se voient des rangées distinctes de pores dedoublés.

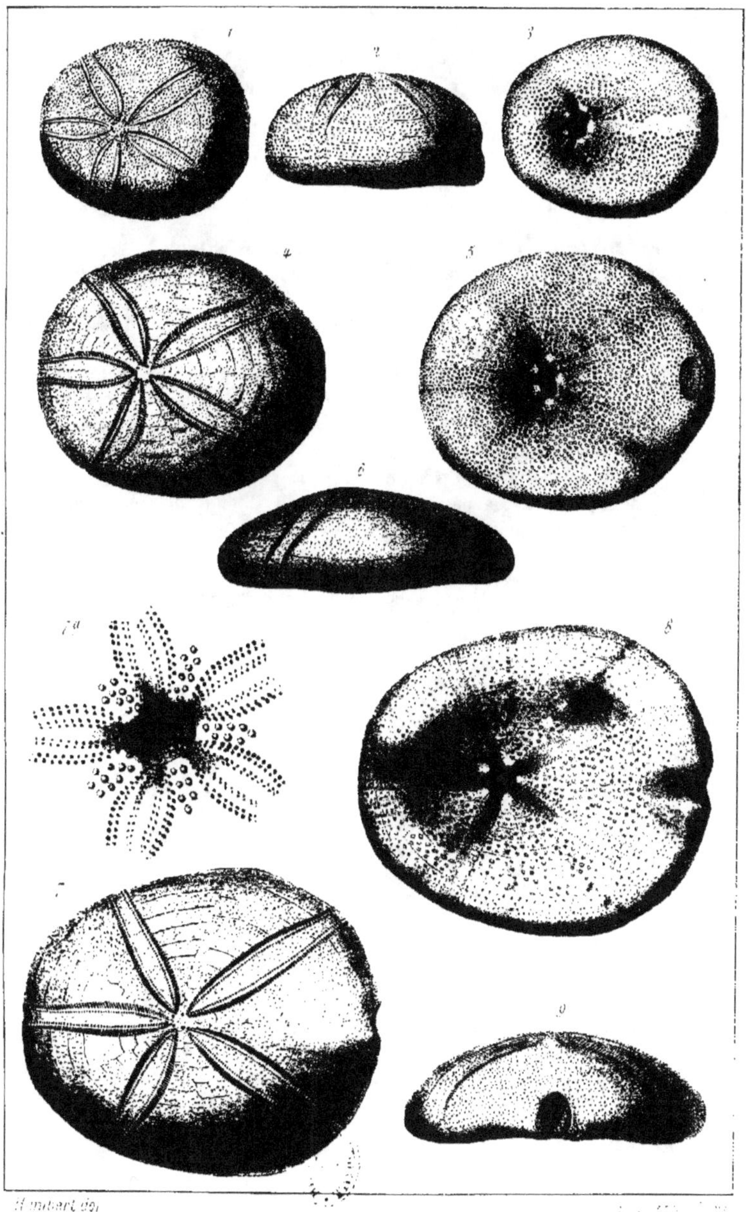

Types de Cassidulines

32

TAB. XXXII.

Pygurus Montmollini Agass. Du Néocomien. D'après d'Orbigny.

Fig. 1. Profil transversal montrant la forme conique et le pourtour ondulé du côté postérieur.

Fig. 2. Face inférieure. Le péristome pentagonal est entouré d'un floscelle des plus élégants. Les phyllodes en forme de feuilles sont bordés de chaque côté par des lignes de pores disposés sur quatre rangs et séparés par des sillons obliques. Les ambulacres se continuent plus loin sous la forme de sillons lisses, tandis que les aires interambulacraires sont garnies de tubercules très gros sur les bords, plus petits au milieu.

Fig. 3. Face supérieure. Le pétale antérieur est à la fois plus court et plus étroit que les autres [1].

[1] Les deux ambulacres postérieurs ne sont pas assez rapprochés à leur naissance. Le plus souvent ils se touchent, ensorte qu'il ne reste plus rien de l'aire interambulacraire.

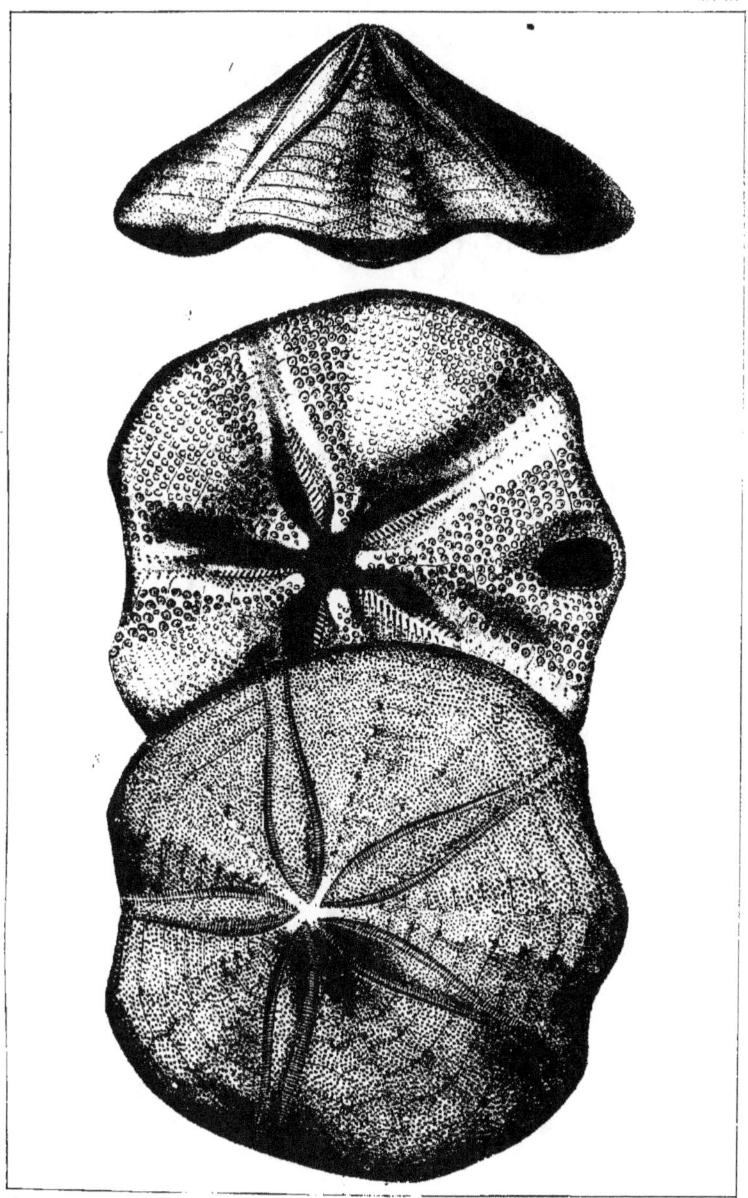

33

TAB. XXXIII.

Fig. 1-4. **Faujasia apicalis** d'Orb. De la craie supérieure (Danien) de Maestricht
D'après d'Orbigny.

    Fig. 1. Profil longitudinal.

    Fig. 2. Profil transversal par devant.

    Fig. 3. Dessus.

    Fig. 4. Dessous.

       4ᵃ Péristome grossi, entouré des cinq phyllodes. Ceux-ci sont composés de simples paires de pores reliées par un sillon.

Fig. 5-7. **Conoclypus Anachoreta** Agass. Du terrain nummulitique d'Yberg. D'après
nature.

    Fig. 5. Profil.

    Fig. 6. Face supérieure.

    Fig. 7. Face inférieure.

       6ᵃ Appareil apicial grossi. Les plaques ocellaires se font remarquer par leur petitesse. On n'a pas pu discerner les sutures des plaques génitales.

       7ᵃ Péristome grossi, entouré de son floscelle qui se distingue par la simplicité de sa structure. Les pores ne font que chevaucher légèrement, sans être reliés par des sillons.

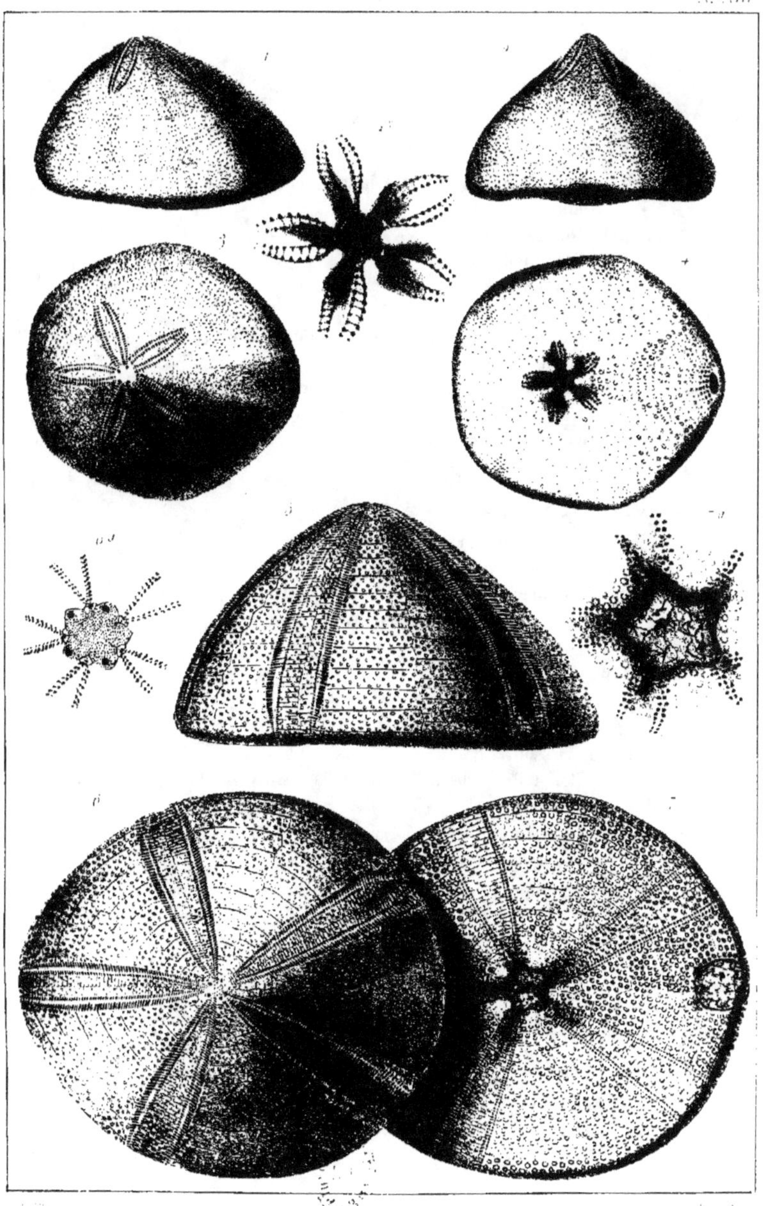

TAB. XXXIV.

Fig. 1-4. **Catopygus carinatus** Agass. De la craie chloritée (Cénomanien). D'après
nature.

Fig. 1. Dessus.

Fig. 2. Profil longitudinal.

Fig. 3. Profil transversal par derrière.

Fig. 4. Dessous.

1ᵃ Sommet ambulacraire grossi, montrant la structure de l'appareil
apical. D'après d'Orbigny.

4ᵃ Péristome grossi, entouré de son floscelle avec des phyllodes
très élégants. D'après d'Orbigny.

Fig. 1-8. **Cassidulus Lapis-cancri** Lamarck. De la craie supérieure (Danien) de
Maestricht. D'après nature.

Fig. 5. Dessus.

Fig. 6. Profil longitudinal.

Fig. 7. Profil transversal vu par derrière.

Fig. 8. Dessous.

8ᵃ Péristome grossi, entouré de son floscelle.

Fig. 9-12 **Rhynchopygus Marmini** d'Orb. De la craie supérieure (Danien) d'Or-
glande. D'après nature.

Fig. 9. Dessus.

Fig. 10. Profil longitudinal.

Fig. 11. Profil transversal par derrière.

Fig. 12. Dessous.

12ᵃ Péristome grossi, montrant la structure du floscelle. D'après
d'Orbigny.

Fig. 13. **Claviaster cornutus** d'Orbigny. Du terrain crétacé du mont Sinaï. D'après
d'Orbigny.

Fig. 14-16. **Archiacia santonensis** d'Archiac. De la craie chloritée (Cénomanien)
de Bel-Air près Rochefort. D'après d'Orbigny.

Fig. 14. Profil.

Fig. 15. Dessus.

Fig. 16. Dessous.

15ᵃ Sommet ambulacraire grossi, montrant la structure particulière
de l'ambulacre impair, qui est composé de quatre rangées de
pores.

Fig. 17. et 18. **Echinanthus Cuvieri.** Du terrain nummulitique et du calcaire grossier. D'après nature.

Fig. 17. Dessus.

Fig. 18. Dessous.

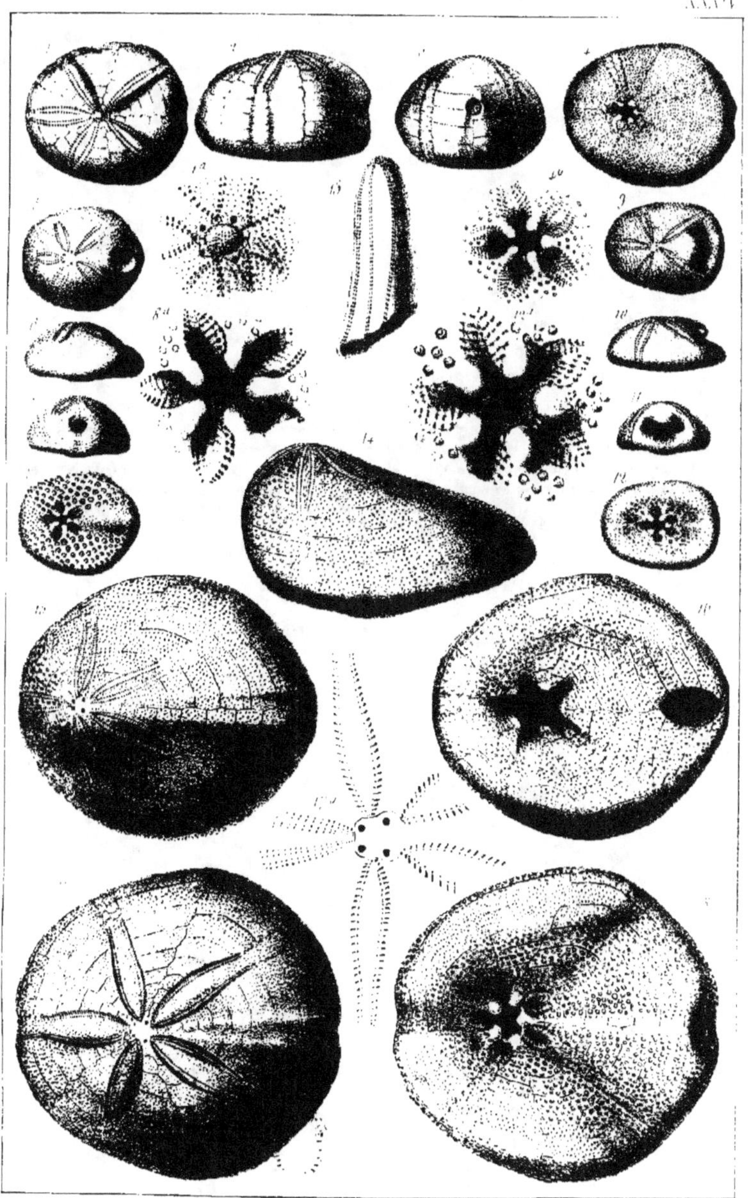

TAB. XXXV.

Clypeus sinuatus Leske. De la grande Oolite. D'après nature. Syn. *Clypeus Patella* Lam. et Auct.

      Fig. 1. Profil.
      Fig. 2. Dessous.
      Fig. 3. Dessus.
        1ᵃ Fragment de test grossi.

Les caractères saillans du genre sont bien résumés dans cette espèce. A la face inférieure on remarque les ambulacres sous la forme de sillons évasés et droits, dans lesquels les pores forment des lignes assez irrégulières, sans qu'il y ait élargissement de l'ambulacre autour du péristome. Les phyllodes ne sont par conséquent que rudimentaires, quoique les tubercules soient assez saillans. A la face supérieure, les caractères essentiels sont la longueur des pétales et la position excentrique du sommet ambulacraire.

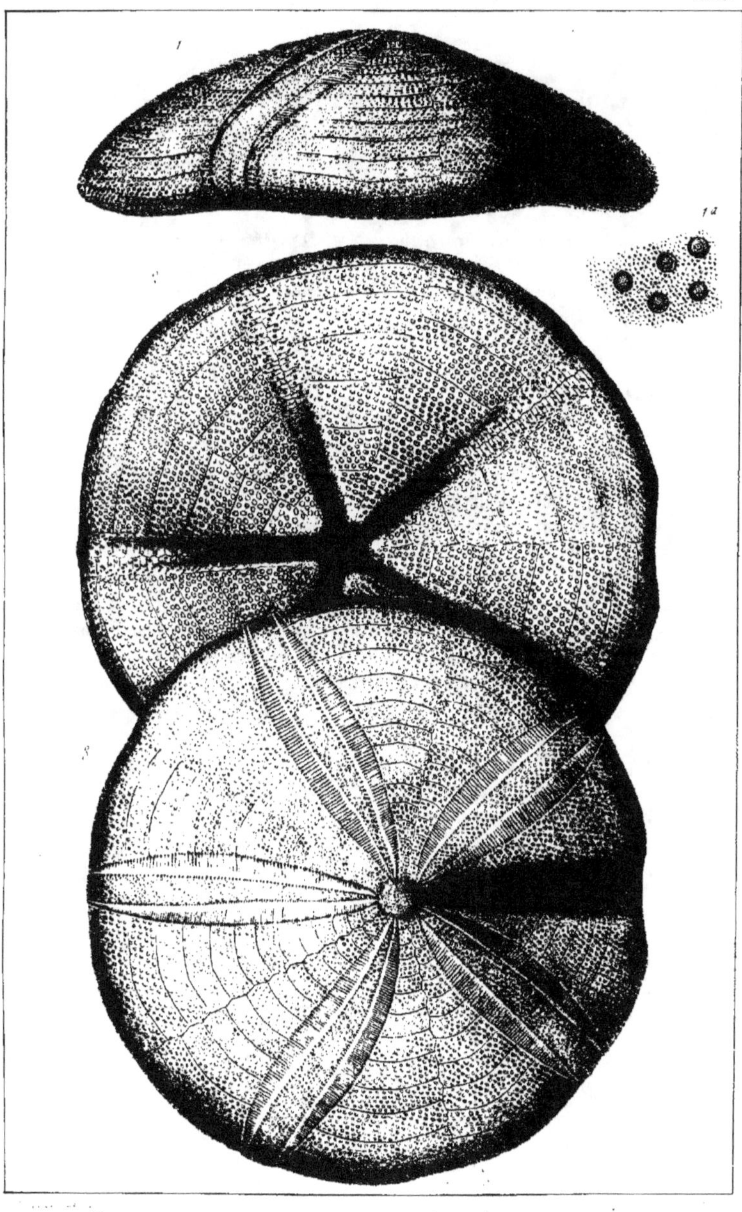

TAB. XXXVI.

Types de la famille des Dysastéridées.

Fig. 1-4. Dysaster granulosus Agass. Du Jura moyen. D'après Desor.
    Fig. 1. Dessus.
    Fig. 2. Profil longitudinal.
    Fig. 3. Profil transversal.
    Fig. 4. Dessous.
        1ᴬ Sommet ambulacraire grossi. Les quatre plaques génitales sont contigues. Le devant est à gauche.

Fig. 5-8. Collyrites elliptica Desmoul. Du Kellovien. D'après nature.
    Fig. 5. Profil longitudinal.
    Fig. 6. Profil transversal par derrière.
    Fig. 7. Dessus.
    Fig. 8. Dessous.
        7ᴬ Appareil apical grossi. Les plaques génitales ne sont pas contigues comme dans le genre Dysaster, mais séparées par les plaques ocellaires antérieures. Les plaques ocellaires postérieures sont rejetées fort loin en arrière.

Fig. 9-12. Metaporhinus Gueymardi Alb. Gras. Du Néocomien inférieur. D'après d'Orbigny.
    Fig. 9. Profil longitudinal.
    Fig. 10. Profil transversal par derrière.
    Fig. 11. Dessus.
    Fig. 12. Dessous.

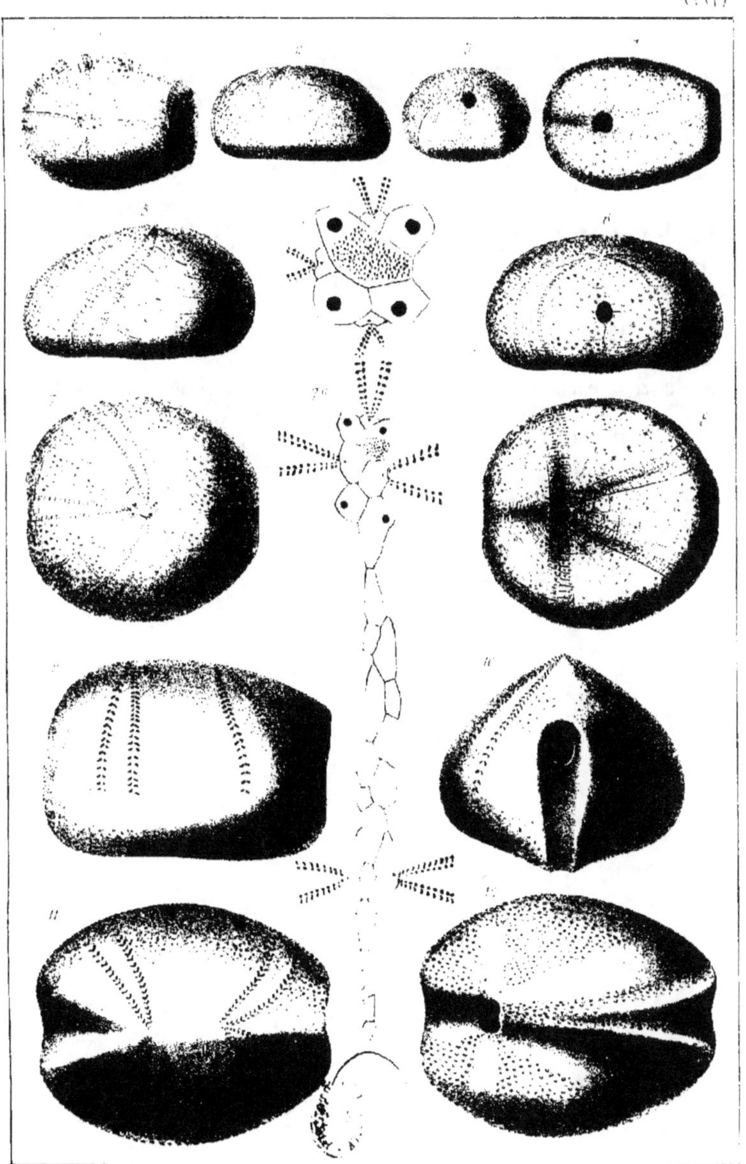

37

TAB. XXXVII.

Fig. 1. et 2. **Asterostoma excentricum** Agass. Du terrain crétacé? D'après d'Orbigny.
>Fig. 1. Dessus. L'ambulacre impair est plus grêle et composé de pores plus petits que les ambulacres pairs.
>Fig. 2. Dessous. Les ambulacres correspondent ici à des sillons très marqués.

Fig. 3. et 4. **Pachyclypus semiglobus** Desor. Du Corallien de Monheim et Pappenheim en Bavière. D'après Desor.
>Fig. 3. Dessus.
>Fig. 4. Dessous.

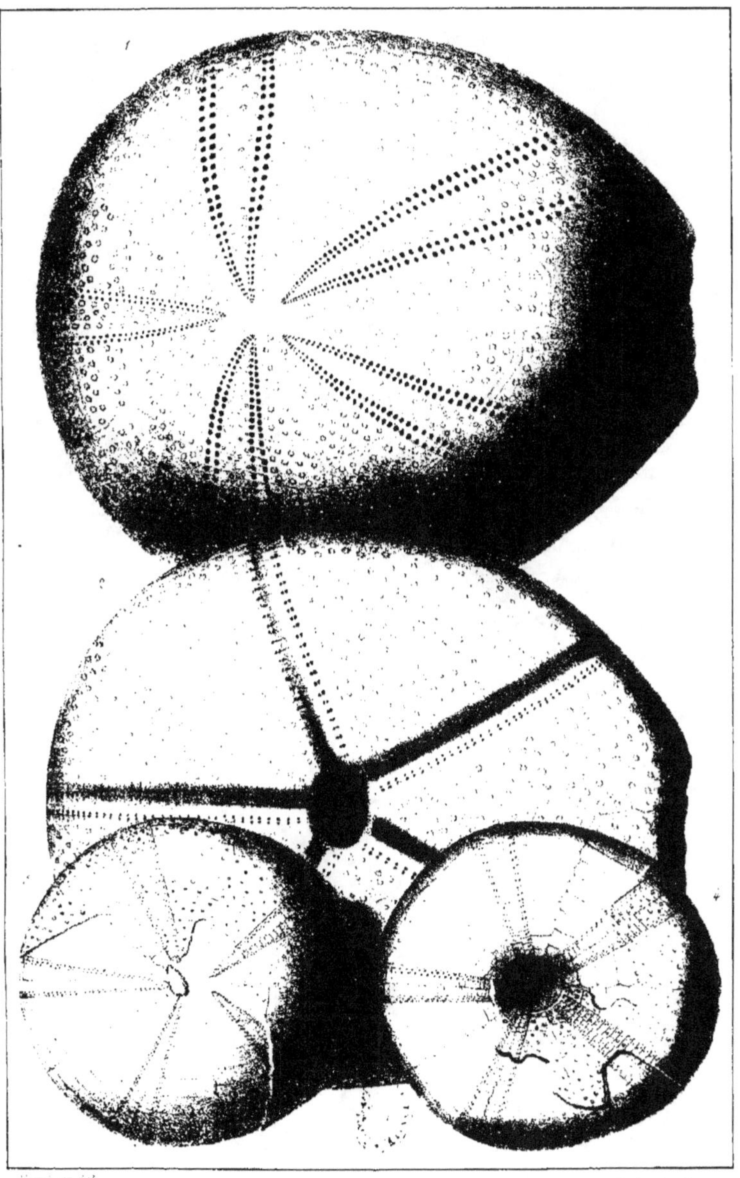

38

TAB. XXXVIII.

Types de la tribu des Ananchydées.

Fig. 1 et 2. Offaster rostratus Desor. De la craie blanche. D'après d'Orbigny.

    Fig. 1. Moule silicieux, vu en dessus.

    Fig. 2. Echantillon avec son test, vu en dessus.

    1ª Appareil apicial grossi.

Fig. 3 et 4. Holaster Perezii E. Sismonda. Du Gault. D'après d'Orbigny.

    Fig. 3. Dessus.

    Fig. 4. Face postérieure.

Fig. 5. Holaster Campichei d'Orb. Du Valangien. D'après d'Orb. ; vu en dessus.

Fig. 6. Ananchytes ovata Lam. De la craie blanche. D'après nature.

    6ª Appareil apicial grossi.

Fig. 7. Hemipneustes radiatus Agass. De la craie jaune (Danien) de Maestricht.
D'après nature.

    7ª Appareil apicial grossi.

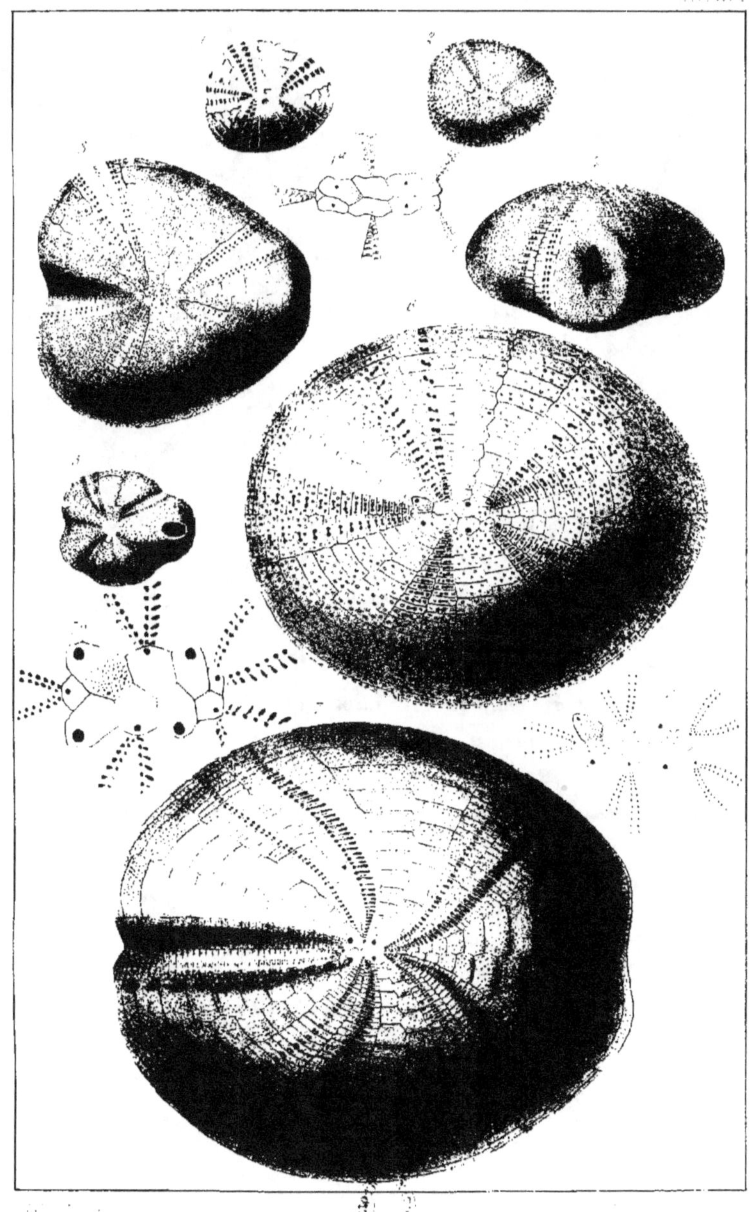

39

TAB. XXXIX.

Types de la tribu des Ananchydées.

Fig. 1-5. **Infulaster Hagenowi** Borch. De la craie blanche de Poméranie. D'après
d'Orbigny.

Fig. 1. Vu par devant.

Fig. 2. Profil longitudinal.

Fig. 3. Vu par derrière.

Fig. 4. Dessus.

Fig. 5. Dessous.

5ᵃ Appareil apicial.

Fig. 6. **Infulaster rostratus** Desor. De la craie blanche. D'après Forbes.

Fig. 7-9. **Cardiaster ananchytis** d'Orb. de la craie blanche. D'après d'Orbigny.

Fig. 7. Profil longitudinal.

Fig. 8. Profil tranversal, vu par derrière.

Fig. 9. Dessus.

7ᵃ Portion du fasciole grossie.

Fig. 10. **Stenonia tuberculata** Desor. De la Scaglia (craie blanche) d'Italie. D'a-
près nature.

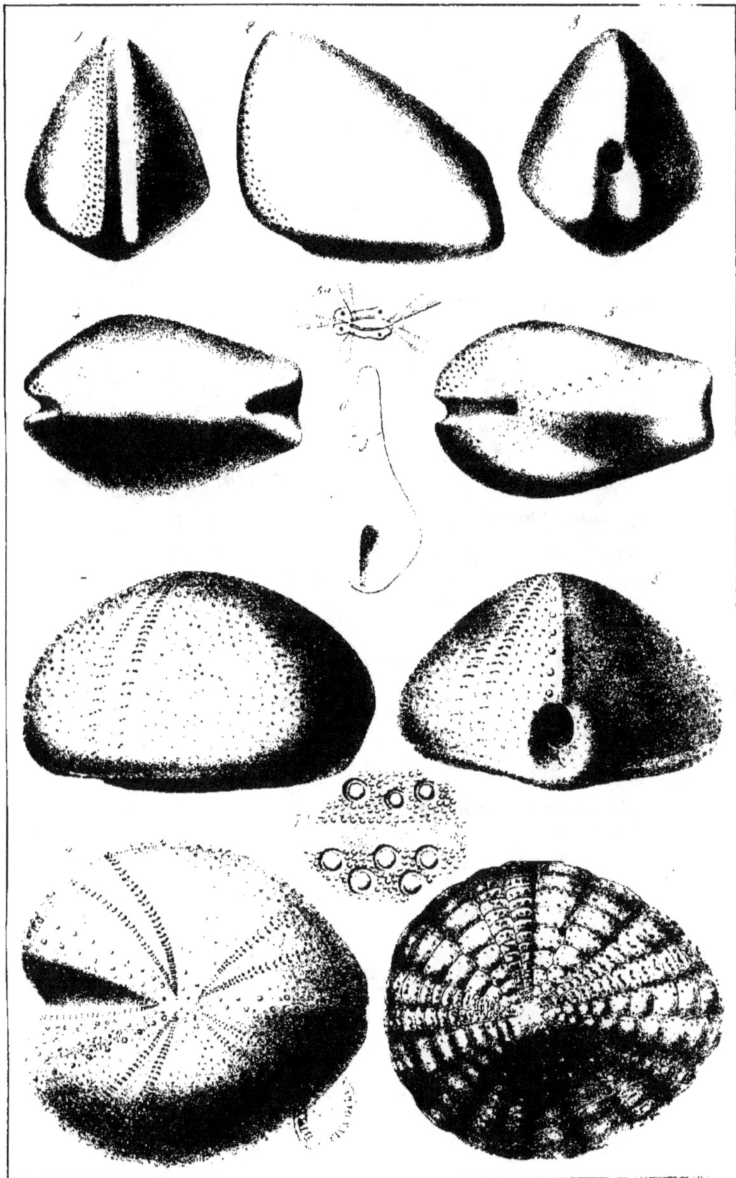

TAB. XL.

Types de Toxaster.

Fig. 1-5. **Toxaster Brunneri** Merian du néocomien des Alpes. D'après nature.

Fig. 1. Sommet ambulacraire grossi.

Fig. 2. Profil longitudinal.

Fig. 3. Dessus.

Fig. 4. Dessous.

2ᵃ Sommet ambulacraire grossi du *Toxaster complanatus* Agass.

Fig. 5-7. **Enallaster Fittoni** Desor. De l'Aptien. D'après nature.

Fig. 5. Profil longitudinal.

Fig. 6. Dessus.

Fig. 7. Dessous.

Fig. 5ᵃ Sommet ambulacraire grossi.

Fig. 8-9. **Toxaster (Heteraster) oblongus** Agass. De l'Aptien. D'après d'Orbigny.

Fig. 8. Dessus.

Fig. 9. Dessous.

8ᵃ Sommet ambulacraire grossi.

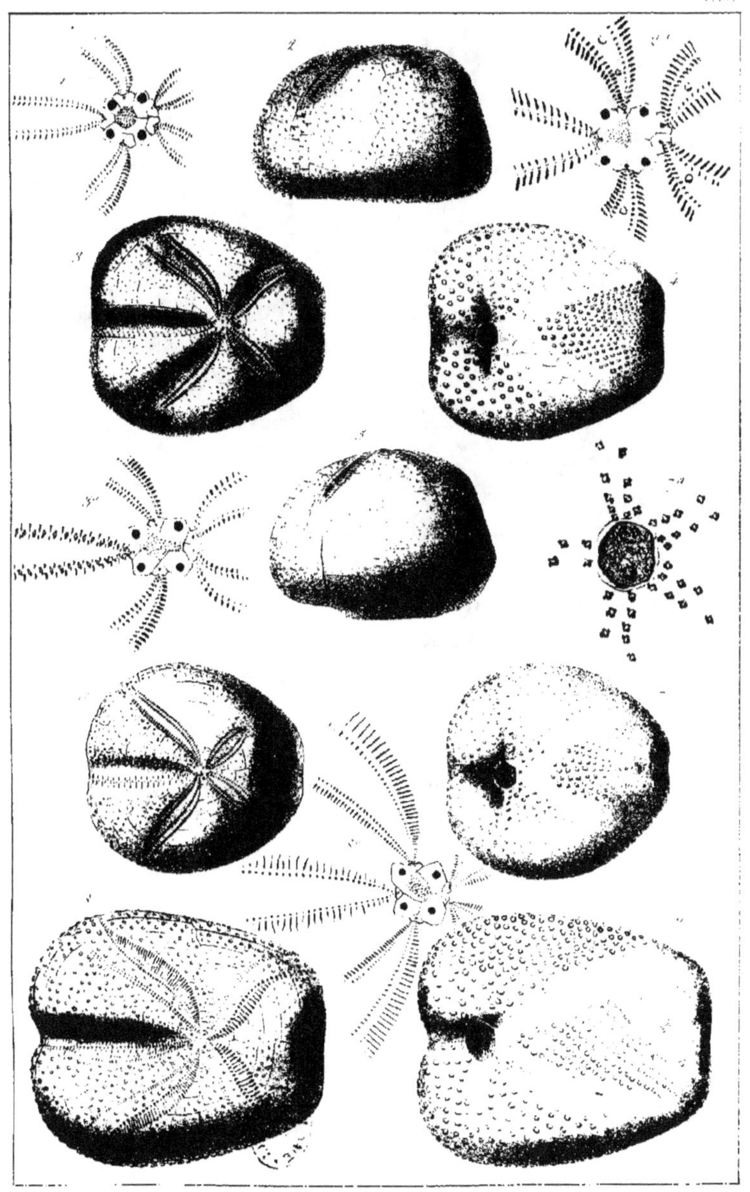

TAB. XLI.

Types de Micraster.

Fig. 1-4. **Micraster (Epiaster) acutus** Agass. De la craie chloritée. D'après
d'Orbigny.

Fig. 1. Profil longitudinal.

Fig. 2. Profil tranversal, vu par derrière.

Fig. 3. Dessus.

Fig. 4. Dessous.

3ᵃ Sommet ambulacraire grossi.

Fig. 5-8. **Micraster Michelini** Agass. De la craie de Touraine (Turonien). D'a-
près nature.

Fig. 5. Profil longitudinal.

Fig. 6. Profil tranversal, vu par derrière.

Fig. 7. Dessus.

Fig. 8. Dessous.

7ᵃ Sommet ambulacraire grossi.

7ᵃ Portion du test grossie.

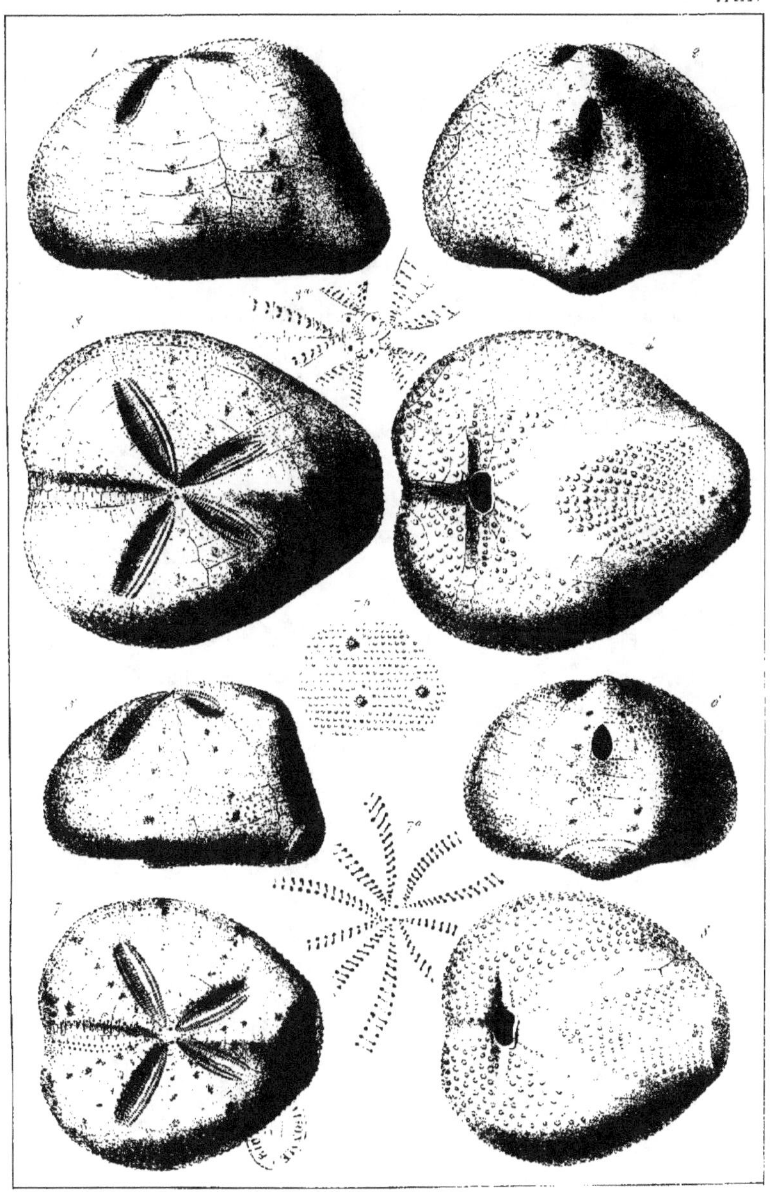

TAB. XLII.

Types divers de Spatangoïdes à fasciole péripétale.

Fig. 1-4. **Hemiaster Phrynus** Desor. Du Gault. D'après nature.

> Fig. 1. Dessus.
>
> Fig. 2. Dessous.
>
> Fig. 3. Profil longitudinal.
>
> Fig. 4. Profil tranversal, vu par derrière.

Fig. 5. **Periaster Fournell** Deshayes. De la craie à Hippurites. D'après nature.

Fig. 6-8. **Toxobrissus crescenticus** Desor. Du Myocène d'Italie.

> Fig. 6. Dessus.
>
> Fig. 7. Dessous.
>
> Fig. 8. Profil tranversal, vu par derrière.

Fig. 9-11. **Gualtieria Orbignyana** Agass. Du terrain nummulitique. D'après le
»Catalogue raisonné.«

> Fig. 9. Dessus, montrant le fasciole interne.
>
> Fig. 10. Dessous, montrant les rugosités des ambulacres.
>
> Fig. 11. Profil tranversal, vu par derrière.

Fig. 12-14. **Pericosmus Edwardsii** Desor. Du myocène de la Superga. D'après
nature.

> Fig. 12. Dessus.
>
> Fig. 13. Profil.
>
> Fig. 14. Dessous.

Fig. 15-17. **Periaster clatus** d'Orb. De la craie chloritée. D'après nature.

> Fig. 15. Dessus.
>
> Fig. 16. Profil tranversal, vu par derrière.
>
> Fig. 17. Profil longitudinal.
>
> 15ª Sommet ambulacraire grossi.

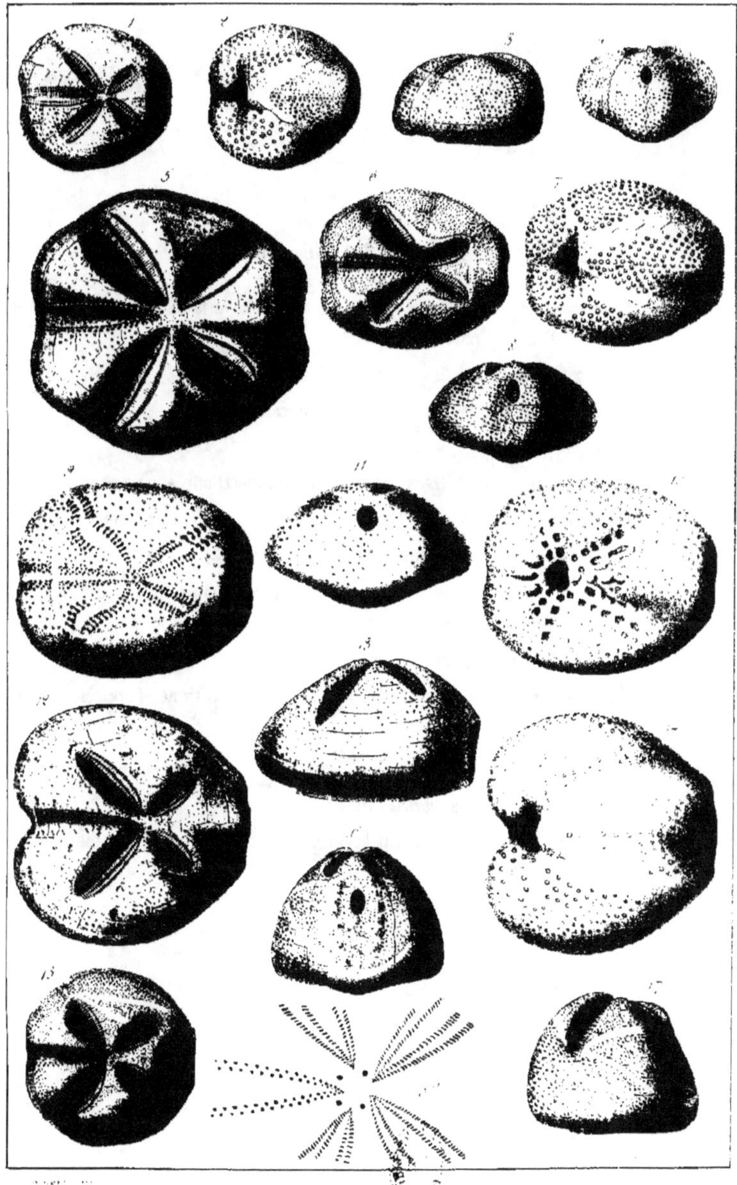

TAB. XLIII.

Types de Spatangoïdes diversement fasciolés.

Fig. 1.-2. **Schizaster canaliferus** Agass. Espèce vivante de la Méditerranée. D'après nature.

> Fig. 1. Dessus à moitié dégarni de ses soies

> Fig. 2. Profil tranversal, vu par derrière.

> 2ª Appareil apicial grossi.

Fig. 3. **Moera Atropos** Mich. Des côtes d'Amérique. D'après nature.

Fig. 4 et 5. **Echinocardium cordatum** Agass. De la Manche. D'après nature.

> Fig. 4. Dessus, montrant le fasciole interne.

> Fig. 5. Profil tranversal, vu par derrière, montrant l'aire anale et le fasciole sous-anal.

> 5ª Appareil apicial grossi.

Fig. 6.-8. **Prenaster alpinus** Desor. Du calcaire nummulitique. D'après nature.

> Fig. 6. Dessus.

> Fig. 7. Profil longitudinal.

> Fig. 8. Profil tranversal, vu par derrière.

Fig. 9. **Linthia insignis** Merian. Du terrain nummulitique. D'après nature.

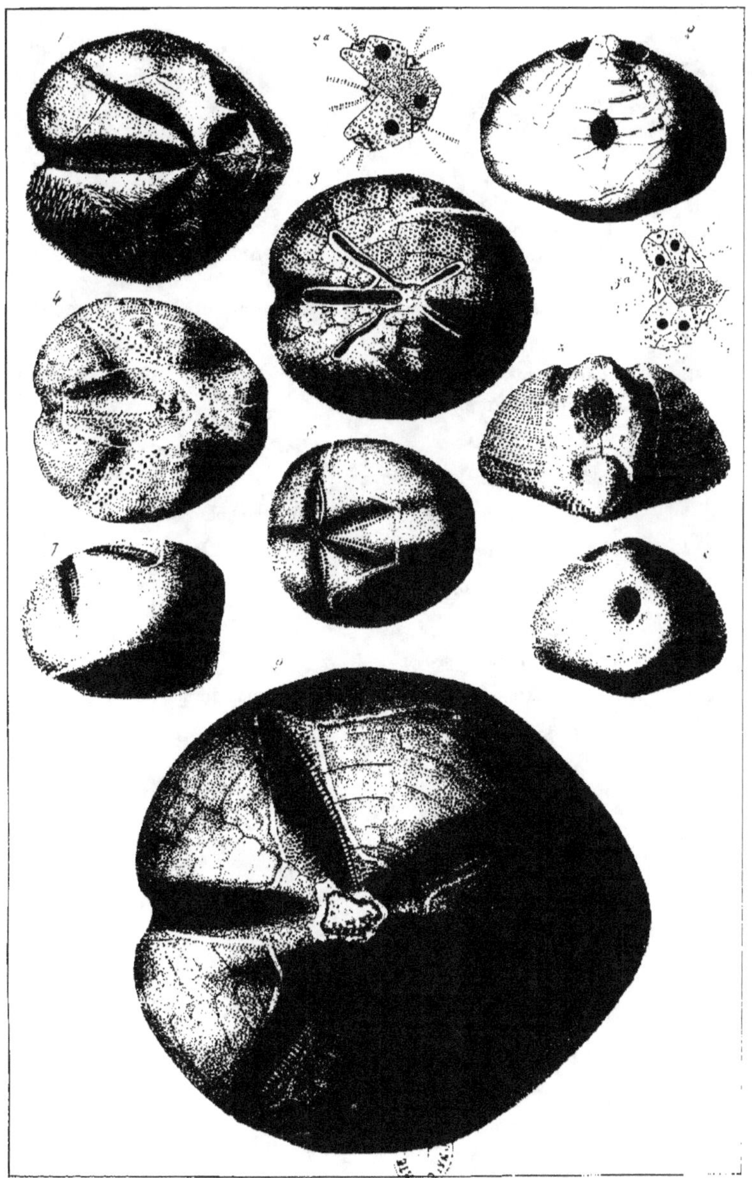

TAB. XLIV.

Types de Spatangoïdes à gros tubercules.

Fig. 1. Appareil apicial et sommet ambulacraire grossis du *Spatangus purpureus* Müll.

Fig. 2 et 3. **Macropneustes Deshayesii** Agass. Du calcaire grossier de Paris. D'après nature.

    Fig. 2. Dessus.

    Fig. 3. Profil longitutinal.

      2ᵃ Portion grossie d'une aire interambulacraire.

Fig. 4 et 5. **Hemipatagus Hoffmanni** Goldf. Du Pliocène de Bünde. D'après nature.

    Fig. 4. Dessus.

    Fig. 5. Profil.

      5ᵃ Tubercule grossi.

Fig. 6 et 7. **Eupatagus ornatus** Agass. Du terrain nummulitique. D'après nature.

    Fig. 6. Dessus.

    Fig. 7. Profil longitudinal.

      7ᵃ Portion de fasciole grossie.

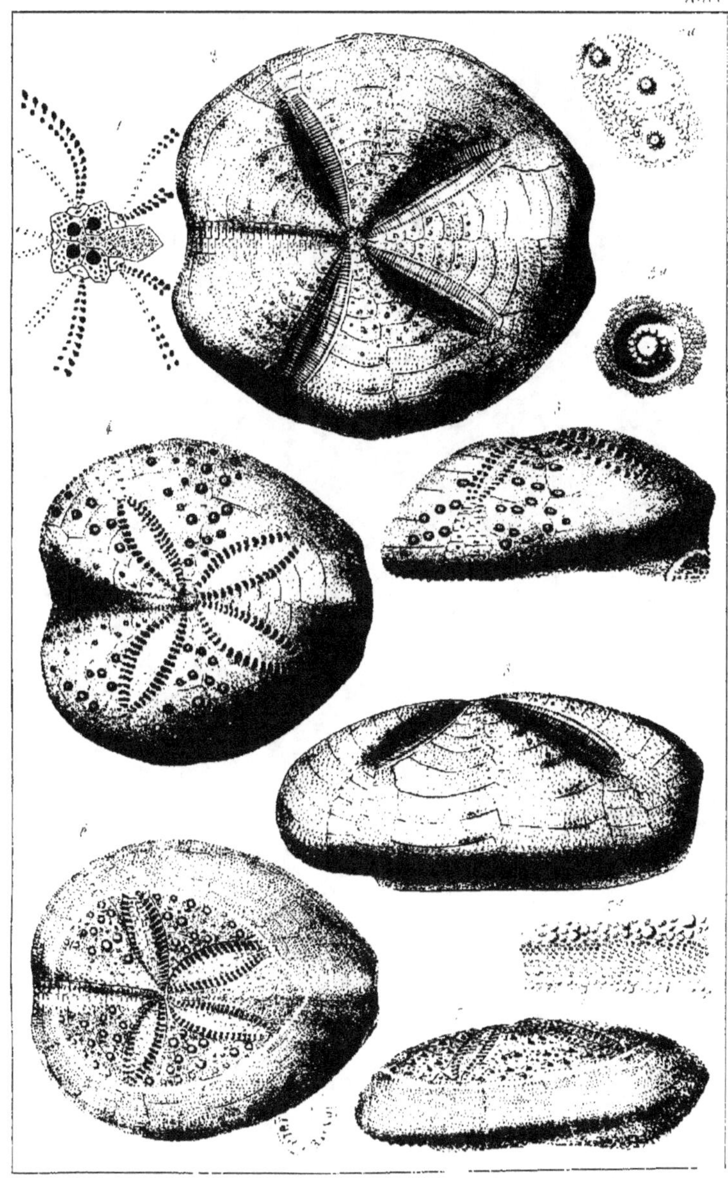

Spatangoidea